結晶構造学
基礎編

空間群から粉末構造解析まで

梶谷　剛

アグネ技術センター

はじめに

　本書は東北大学工学部応用物理コースの 6 セメで実施していた「結晶解析学」の講義ノートを中心に纏めたものです．結晶を解析するには学問体系がきちんと確立されている「結晶学」(crystallography) のエッセンスを学ぶことが必要ですが，その部分の勉強はそれ程楽しいわけではありません．本書は固体物理入門書で構造因子や逆格子あるいは特性 X 線を一度学習した後の講義向けだったので，その部分の説明を簡略化しています．

　「結晶学」は最近 200 年間で多くの学者達の努力の末に築かれてきた学問体系を持ち，現在も改善の努力が傾注されています．結晶学は固体の電気的，磁気的性質を知る上でも不可欠な知識を与えます．本書は知識の展開だけに終始せず，系統的な演習を行い，実践的な技術を習得することも目標にしています．コンピュータの利用技術が発展して，20 年以前には大型計算機でようやく実行可能だった自動的な結晶解析プログラムがラップトップパソコンでも充分実行可能になっています．特に最近の LINUX の普及により，パソコンレベルでは困難だった FORTRAN 等の高級言語が，ほぼ無料で利用できるようになっているので，それらも利用して結晶解析を始めて下さい．

　結晶解析に関して，従来良書と呼ばれる書籍には，現在はほとんど利用されていない機器が登場していたり，余りに手動的な方法なので現在の結晶解析技術の発展とそぐわない場合があります．ことに，粉末回折強度を利用した自動結晶解析法は古くは測定機器の信頼度が低く，重要だとは考えられていませんでしたが，現在は結晶解析の重要な柱になっています．単結晶解析に関しても，高速計算機を用い，統計的な方法論を採る「直接法」の適用や最大エントロピー法利用による電子密度分布の精密決定が日常的に行われています．従来の結晶学が単位格子に拘った解析方法だったのに対して，単位格子の揺らぎや単位格子を定義できないアモルファス状態の固体の解析が擬似乱数を利用した

原子位置推定法（逆モンテカルロ法）や動径分布関数の利用を通じて行われるようになっており，粉末結晶試料の解析技術としても適用され始めています．回折強度測定に関しても，従来のX線回折強度測定では非偏光の特性X線による測定が一般的だったのに対して，現在ではSOR（シンクロトロン軌道放射, synchrotron orbiter radiation）光源から出射された偏光X線による回折測定も一般的になってきています．SOR光源を利用すれば，自由な波長設定が可能になり，特定の元素の吸収端を狙った回折強度測定が可能です．従来もこのような観測は全く不可能と言う訳ではなかったのですが，強度が弱く，正確な観測が困難でした．

　これらのことから，現代の結晶解析法は正確性が高くなった分必要とされる知識が多く，専門分野を異にする研究者にとってはいささか敷居が高いものになってしまっていると思います．最近の中性子回折技術も飛躍的な進歩をみせており，原子炉起源の中性子回折実験もパルス中性子源を使った回折実験も共に高い能率と分解能を持つに到っているので，読者諸氏も実験の機会を持つことが比較的容易です．本書では中性子回折強度の解析についても触れることになります．

目　次

はじめに　*i*

第1章　直接観察法と間接法による結晶解析　*1*
  1．1　透過型電子顕微法（Transmission Electron Microscopy）　*1*
  1．2　電界イオン顕微法（Field Ion Microscopy）　*4*
  1．3　走査トンネル顕微法（Scanning Tunneling Microscopy）　*5*

第2章　結晶学入門　*7*
  2．1　結晶の次元性と分類　*7*
  2．2　結晶系（晶系）　*9*
  2．3　結晶方位と面指数　*12*
  2．4　面間隔　*15*
  2．5　Wulff（ウルフ）網を用いた投影　*17*
  2．6　対称操作と並進対称性の共存　*22*
  2．7　Bravais（ブラベ）ファミリーと逆格子点　*27*
  2．8　実格子と逆格子　*31*
  2．9　逆格子の広がりとLaue（ラウエ）関数　*35*
  2.10　回折現象と逆格子　*40*
  2.11　Ewald（エワルト）球と限界球　*42*
  2.12　らせん軸と映進　*44*
  2.13　空間群　*47*

第3章　回折現象　*55*
  3．1　原子による散乱　*55*
  3．2　トムソン散乱　*56*
  3．3　原子散乱因子　*58*

3. 4　異常分散効果　60
3. 5　中性子回折　62
　　　3.5.1　散乱長, b_c　63
　　　3.5.2　磁気散乱　63
　　　3.5.3　非干渉性散乱　65
3. 6　幾何学因子, Lorentz 因子　67
3. 7　吸収補正　70
3. 8　温度因子　72
3. 9　X線の発生　75
3. 10　シンクロトロン放射光　78
3. 11　特性X線　80
3. 12　フィルター　83
3. 13　モノクロメータ　84
3. 14　粉末回折法を用いた自動結晶解析　85
3. 15　JCPDS データシステム　86
3. 16　回折ピーク位置から晶系と消滅則を決定する　89
3. 17　Rietveld 法による解析　92
3. 18　最小二乗法　95
3. 19　R 因子など　98

練習問題解答例　100

索　　引　116
あとがき　119

第1章　直接観察法と間接法による結晶解析

　X線粉末回折法は最も簡便な結晶解析法ですが限界もあります．化合物結晶の同定や解析はX線粉末回折法よりもRAMAN分光測定や赤外分光測定などの機器分析法の方が多用されており，結晶中の分子の特定や化学結合距離の決定を通じて結晶の分子配置を推定することができます．このような間接的な方法に対して，走査型トンネル顕微鏡や透過型高分解能電子顕微鏡あるいはフィールドイオン顕微鏡を用いて結晶中の原子配列を直接観察する方法もあります．後者の方法を「直接観察法」と呼び，X線回折強度測定や機器分析による方法を「間接法」としています．これら2種類の方法は片方が他方を圧倒する程の優位さがある訳ではなく，むしろ相補的な重要さがあります．

　本書では「間接法」による結晶解析法の代表として回折強度測定による方法を主に説明しますが，「直接観察法」の優れた点についても若干説明しておきます．

1.1　透過型電子顕微法（Transmission Electron Microscopy）

　結晶のサイズが50ミクロン以下の試料しか入手できないような場合，結晶構造を短時間で知る手段として，透過型電子顕微鏡は大変優れた性能を持っています．電子顕微鏡は単に小さいものを拡大して見せるだけに止まらず，電子線回折図形の撮影や回折強度の測定も可能であり，結晶中の原子配列を直接写真撮影することもできます．また，電子線の照射によって励起される特性X線強度測定による含有元素量の決定も可能です．従来の電子顕微鏡では元素分析や電子線回折測定は直径1ミクロン程度の範囲で行われてきましたが，電子線源の改良などによって直径1ナノメートルの範囲まで分析ができるように

なっています．走査型電子顕微鏡では原子1個ごとに分析できる仕組みも実用化されています．電子密度分布による電子線の散乱強度はX線に比較しておよそ10,000倍強く中性子線の原子核による散乱強度より100,000倍近く強いのです．従って，重い元素なら1個の原子でもその原子種を見分けることさえ可能です．

電子線源の改善により，入射電子線の位相も揃ってきているので，動力学的回折条件を利用したエネルギーロス電子分光(Electron Energy Loss Spectroscopy; EELS)で原子の種類とその積み重なりも分かるようになりました．

透過型電子顕微鏡の最も強みとするものは，原子配列の直接観察(構造像の撮影)であり，電子顕微鏡の分解能は0.1nm程度まで達しています．しかし，透過型電子顕微鏡で見える原子配列は有限の厚み(2〜10nm程度)にある原子列の影であって，厳密には個々の原子を見ている訳ではありません．この構造像は結晶の厚みによって電子線の動力学的回折条件が違ってきて白黒反転することもあるので注意を要します．また，電子顕微法は基本的に電子が通過する電気伝導性試料について可能なので，電気伝導性の低い試料は観察が困難になることもあります．

図1-1は透過電子顕微鏡の断面です．

光学的には平行光線とみなされる電子線は図中にレンズと記された空芯電磁石で屈折されて実像として結像されます．電子線は真空管の場合と同様に熱電子放射(フィラメントから電界で引き出される)されます．ただし，高分解能を必要とする場合にはLaB$_6$の単結晶を電極とした電界放射ガン(Field-emission gun)を利用します．電子線が電磁レンズを通

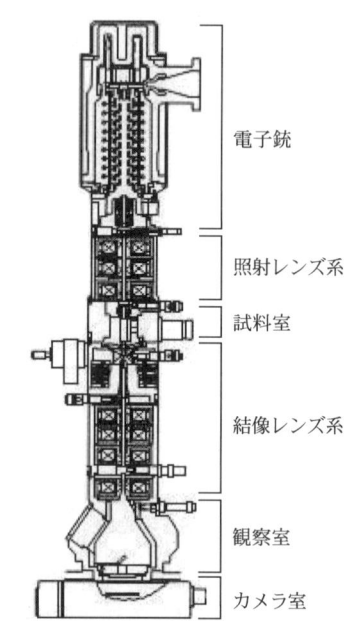

図1-1 電子顕微鏡の構成を示す．電子線は上から下に向けて発射されます．

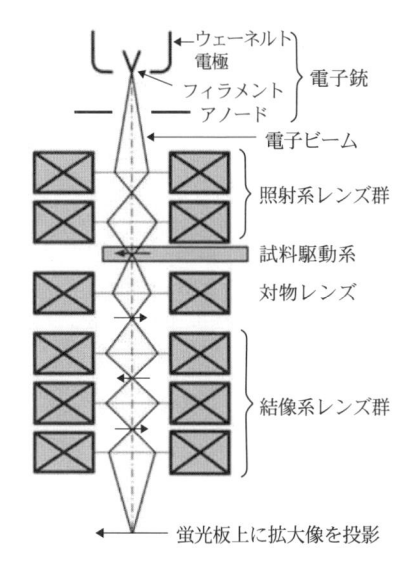

第1章　直接観察法と間接法による結晶解析

図 1-2　電子顕微鏡の光学的な構成．中間レンズの電流を切ると電子線回折イメージが見えます．

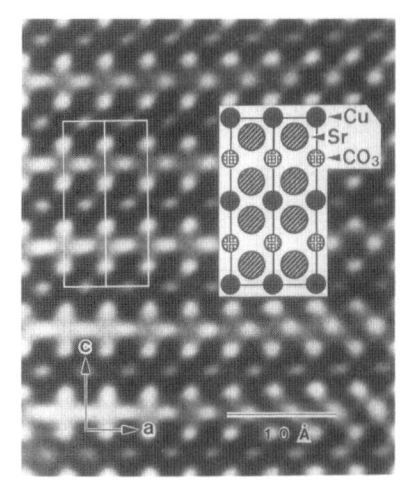

図 1-3　Sr$_2$CuO$_2$(CO$_3$)結晶の高分解能電子顕微鏡写真

過すると縦方向の磁界からローレンツ力を受けて横方向の力を受けます．電磁レンズの中の磁界強度は同心円状に分布していて，中心よりも外側の磁界が強いため電子線に対して凸レンズとして働きます．電子顕微鏡の拡大倍率は最高100万倍なので，文字通り，原子が見えます．図1-2は電子顕微鏡の光学的な構成を示しています．結像系レンズ群に投入する電流を変えると回折像が結像できるようになっています．結像された回折図形は000点（原点）を通過する逆格子面 (zero-th Laue zone) です．電子線の波長が短くなる程高い指数の回折斑点を同時に観測できます．これらの回折強度を定量的に測定し，結晶構造解析をすることも可能です．従って，電子顕微鏡は原子配列を直接観察できると同時にX線構造解析法と同様に回折強度の定量的な解析も可能な優れた装置です．しかし，硼素 (B) 以下の原子番号の小さい元素からなる系の研究は電子の散乱能が小さくなることから困難です．

　図1-3は著者らの得たSr$_2$CuO$_2$(CO$_3$)結晶の高分解能電子顕微鏡像です[1]．

図中の白い部分が電子密度の低い部分，黒い部分が高い部分つまり原子のある場所です．図中に原子の配置図があるので比較できます．

1.2 電界イオン顕微法（Field Ion Microscopy）

この方法は原理は至って簡単ですが最適な実験条件 (imaging gas) を見つけたり，適した形状の試料を用意することが，容易ではありません．電界イオン顕微鏡により，初めて原子が直接観察できるようになり，現在も有用な方法です．表面原子をパルス電場で吹き飛ばしながら各原子の質量を計測してその原子の種類を特定する技術があるので，結晶質試料でなくとも原子配列を直接観察できます．図 1-4 の左の半分が電界イオン顕微鏡の動作原理であり，右の円が得られた顕微鏡写真です[2)]．図の左側は先端の直径が 100 nm 程度の鋭利な針状試料の先端を示しています．顕微鏡容器の中に極希薄な不活性ガスが入れられていますが試料表面を叩いたガス原子が高い電場でイオン化されて試料表面と垂直方向に飛び出します．飛び出す確率は表面原子の密度に比例するので中央のスクリーンに表面原子密度に応じたイオン密度像が得られます．実際

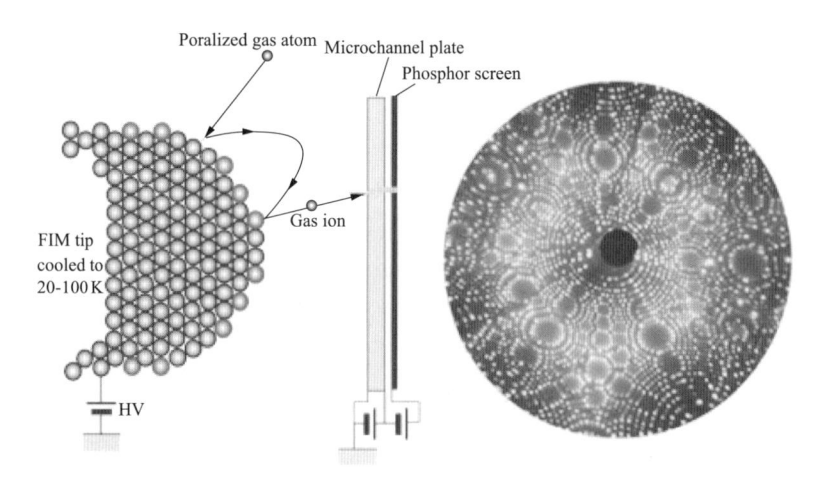

図 1-4 電界イオン顕微鏡の動作原理と結像例．右図の白い斑点が原子位置を示します．輪のような部分は結晶の対称軸周辺の原子分布です．

の顕微鏡では試料とスクリーンとの間に 50 kV 以内の静電場が与えられ，スクリーンには結像コントラストを増倍する装置（暗視野装置）が取り付けられています．図の右に結像された原子像が示されています．

1.3 走査トンネル顕微法 (Scanning Tunneling Microscopy)

　この顕微鏡の動作原理は 1980 年代に Gerd Bining と Heirich Rohrer によって提唱され，現在では最も広く利用される顕微鏡になっています[3]．この顕微鏡の動作原理は，鋭い金属針を電気伝導性試料に近接させて電位差を与えると，数 nm 以下の範囲で距離に反比例したトンネル電流が流れ，針を左右に移動すると，試料表面の凹凸に応じた電流の像が得られるというものです．試料表面状態と針の先端の鋭さによって，試料表面の微視的な電荷分布や原子分布まで結像させることができます．この際重要なことは，正確な針の移動であり，誘電体アクチュエータが正確に 3 次元的に針を移動するようになっています．図 1-5 に走査トンネル顕微鏡の動作概念図を示しました．走査トンネル顕微法はその後様々な改良と動作原理の拡大が図られて，トンネル電流を一定に保つように針と試料の距離を変化させた場合の「距離像」，針と試料との間の「原子間力」を像にしたもの，磁性針と磁性試料の間の「磁気トンネル電流像」を示すもの，強磁性針が試料表面の磁場から受ける力を「磁気力像」として示すものなど様々なものが実用化さ

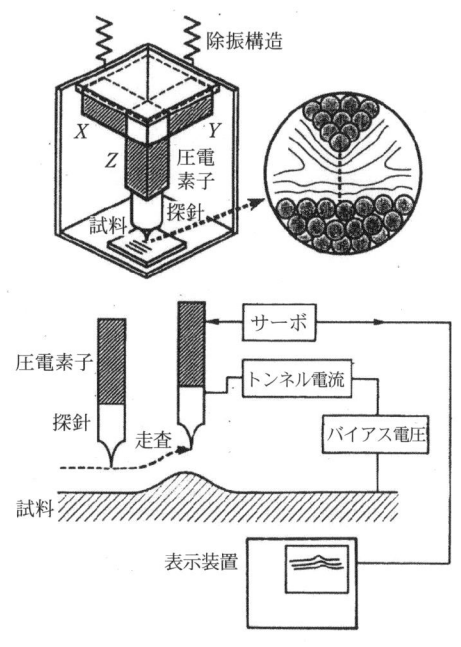

図 1-5　走査トンネル顕微鏡の動作概念図

れています．これら一群の顕微鏡は固体試料のみならず，有機物や生物試料の研究にも広く利用されています．また，探針と試料の間の電場によって発光が起きる場合もあり，発光スペクトルを分析すると試料表面の量子状態が精密に計測できます．

　走査トンネル顕微鏡像は世界中で撮影され，像の表示方法の改善も進んだことから，一種のアートとして発表されている場合もあります．以下のサイトにはカラー映像が沢山収録されているので，参考にしてください．
http://www.iap.tuwien.ac.at/www/surface/STM_Gallery/

　STMの発明者であるHeinrich Rohrerの講演が下記にあります（ページの下の方をクリック）．
http://www.research.ibm.com/articles/heinrich-rohrer.shtml

【参考文献】
1) Y.Miyazaki, H.Yamane, T.Kajitani, T.Oku, K.Hiraga, Y.Morii, K.Fuchizaki, S.Funahashi and T.Hirai : Physica C**191**(1992)434-440.
2) 宝野和博：http://www.nims.go.jp/apfim/fim_j.html
3) G.Bining and H.Rhorer: Sci. Am., **253** (1985) 50-56.

第 2 章　結晶学入門

2.1 結晶の次元性と分類

　結晶という原子配列の様式に欠かすことができないものが並進対称性ないし並進対称操作です．これには1次元的なものから最高6次元的なものまで発見されています．先ず3次元までの並進対称性の範囲で説明します．

　n 個の原子がある体積に詰まっている状態を式で示すと $\sum_j^n \rho_j(r)$ のようになります．ρ は電子密度，原子核密度あるいは磁気モーメントのどれでも良いことにします．添え字 j は原子の種類ないしは磁気モーメントの大きさや向きに関する区別を示しています．今度は，「結晶」内の原子の分布 $R(r)$ を次式で表すことができます．

$$R(r) = \sum_{i=1}^{N} \sum_{j=1}^{n} \rho_j(r_j + r_i) \tag{2-1}$$

　r_i は次式のように与えられます．ここで，i と j はそれぞれ結晶内部の各基本格子の番号と基本格子内部の原子の番号です．ρ_j は基本格子の中には n 個の原子があり，結晶中には N 個の基本格子があります．

$$r_i = l\mathbf{a} + m\mathbf{b} + n\mathbf{c} \tag{2-2}$$

　l, m, n は整数であり，$\mathbf{a}, \mathbf{b}, \mathbf{c}$ は基本ベクトル (basis vector; 並進ベクトル) です．r_i は各基本格子 (後出) の原点に相当しています．式 (2-2) では3種類の基本ベクトルを示しましたが，この数は結晶の次元性により，1個から6個まで変わります．1個しかなければ，1次元結晶，2個なら2次元結晶です．図 2-1(a) は2次元の基本格子の中の原子集団 $\rho_j(r_j)$ を示します．(b) の $\mathbf{a}, \mathbf{b}$ が定義された基本ベクトルです．

　3次元的に原子が配列する通常の結晶では，$\mathbf{a}, \mathbf{b}, \mathbf{c}$ という3つの独立なベ

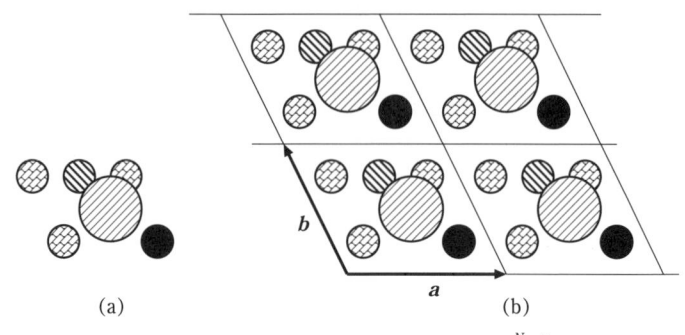

図 2-1 (a) 原子分布 $\rho(r_j)$ (b) 結晶中の原子分布 $\sum_{i=1}^{N}\sum_{j=1}^{n}\rho_j(r_j+r_i)$

クトルが定義されます．このベクトルの絶対値 $|a|, |b|, |c|$ を格子定数 (lattice constants) と呼びます．1次元結晶では「格子」という呼び名は馴染まないので，「基本周期」と呼んでいますが，2次元結晶では，a, b で囲まれた平行四辺形，3次元結晶なら各辺 a, b, c の平行六面体を「基本格子」あるいは「単位格子」(unit cell) と呼びます．

(注：基本並進ベクトルとプリミティブセル (primitive cell) を学習した人は多少混乱するかもしれません．ここで述べている基本格子は後で述べるブラベ格子を単位とするものです．ブラベ格子の中でも単純格子と三方晶以外は「基本並進ベクトル」は基本ベクトルと一致していません．基本ベクトルに一致していない「基本並進ベクトル」はブラベ格子では「付加的並進ベクトル」に位置づけられます．結晶解析をする場合はブラベ格子を基本格子に採り，プリミティブセルは考慮しません．)

基本格子の内部では原子や分子の配置，あるいは磁気モーメントの向きに多くの自由度と秩序の多様性がありますが，その種類には上限があります．基本格子内の空間対称性は結晶の持つ巨視的な物理的対称性，即ち，電気的，光学的，磁気的，機械的（弾性的）対称性と厳密に一致することが必要条件になっています．さらに，基本格子はこの空間対称性を有する最小の繰り返し体積であるという制限もあります．磁気的性質のように結晶の大きさによって絶対値

などが変るものもありますが,対称性だけを考えます．結晶を理解するために,先ず結晶の分類から始めます．

昔の人たちは結晶の色や金属か鉱物かと言った特徴で分類していたのですが，現在の結晶学で採用している分類法の1つが基本格子の外形によるものです．即ち，結晶系 (crystal system) による分類です．格子定数 a, b, c が等しく，各結晶軸が直交していると立方晶，a, b, c の1つが他の2つと違っていれば，正方晶です．基本格子の内部に定義されている対称性ないしは対称操作；回転，鏡映，反転，回反 (回映) の各操作の配置や有無で分類する32種類の点群ないし回転群による分類，後に述べる回折強度の規則的な出現・消滅の法則性による分類 (ブラベファミリー，P, I, F, R, A, B, C の7種類のタイプによる分類)および上記の回転などの対称操作にらせん操作と映進操作を加え，さらに回折強度の出現・消滅の規則性までを加えたもので分類する230種類の (非磁性)空間群 (原子や分子の種類に基づいた結晶の分類であり，磁気秩序を考えない)によるものがあります．

結晶の分類として理解すべきものは，次の4種類です．

1. 結晶系 (晶系) 　　　　crystal systems
2. 結晶点群 (回転群) 　　point groups
3. ブラベファミリー 　　　Bravais family, Bravais flocks
4. 空間群 　　　　　　　　space groups

磁性結晶ではこれに磁気モーメントの反転 (フリップ) 操作を考慮して，磁性点群，磁性ブラベ格子，磁気空間群を考えますが，ここでは触れません．

複雑なことは後回しにして，重要な点である結晶系，点群 (ないし回転群)，ブラベファミリーおよび空間群について述べます．

2.2 結晶系（晶系）

全ての結晶は次の結晶系のどれかに属しています．

・立方晶 (cubic system) 　　　$a=b=c$ 　$\alpha=\beta=\gamma=90°$
・正方晶 (tetragonal system)　$a=b\neq c$ 　$\alpha=\beta=\gamma=90°$

- 斜方晶 (orthorhombic system)　$a \neq b \neq c$　$\alpha = \beta = \gamma = 90°$
- 単斜晶 (monoclinic system)　$a \neq b \neq c$　$\alpha = \gamma = 90° \neq \beta$
- 六方晶 (hexagonal system)　$a = b \neq c$　$\alpha = \beta = 90°$　$\gamma = 120°$
- 三方晶 (trigonal system), または菱面体 (rhombohedral system)
  $a = b = c$　$\alpha = \beta = \gamma \neq 90°$
  または, $a = b \neq c$　$\alpha = \beta = 90°$　$\gamma = 120°$
- 三斜晶 (triclinic system or lattice)　$a \neq b \neq c$　$\alpha \neq \beta \neq \gamma \neq 90°$

図 2-2 に各結晶系を模式的に示しました.

a, b, c は格子定数を示し, α, β, γ は結晶角 $\widehat{bc}, \widehat{ca}, \widehat{ab}$ をそれぞれ示していま

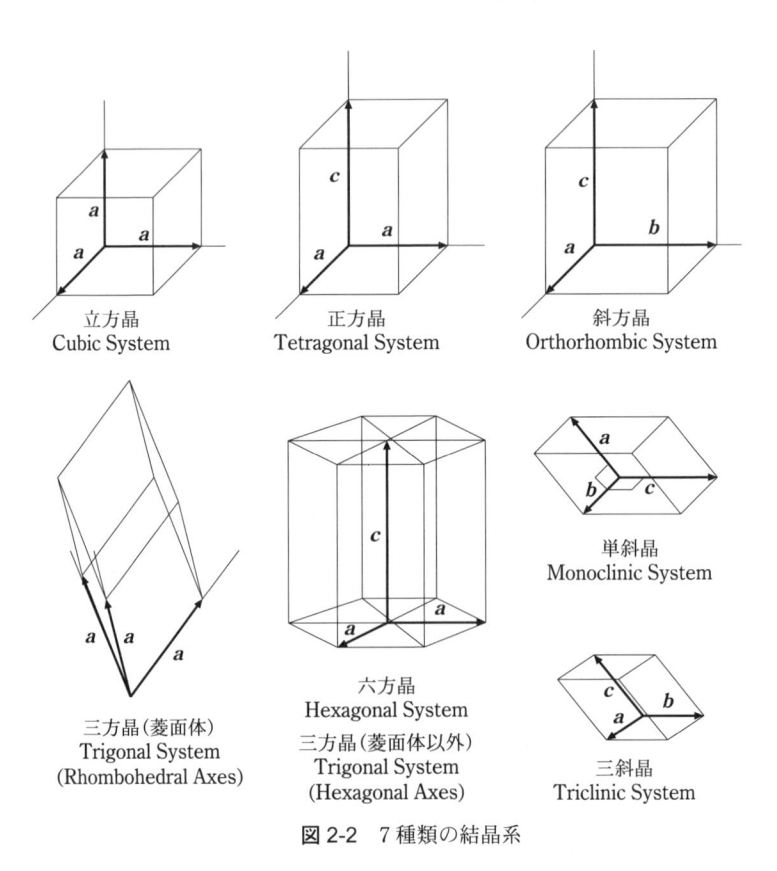

図 2-2　7種類の結晶系

第 2 章　結晶学入門

す．a, b, c 軸は右手系で定義します．図2-3にその様子を示しました．要するに，a 軸方向から原点を見た時，前方に見える角度が α 角であり，b 軸と c 軸から見える角度がそれぞれ β 角と γ 角です．

　六方晶と言いながら，基本格子は六角形になっていません．これは並進対称性から来たもので，示された菱形の柱の体積が最小繰り返し体積になっています．三方晶の基本格子に2種類あるのも奇妙に見えます．これは基本格子の定義によるものではなく，便宜上のものです．基本格子の定義に忠実に考える場合が最初のものであり，立方晶の定義にも近く，実際の結晶でも温度によっては立方晶になったり，三方晶になるものがあります．図2-4に三方晶の2つの基本格子の関係を示しました．便宜的に定義した2番目の基本格子は六方晶の基本格子と良く似ています．こちらの格子をもとに原子や分子の配置を考えた方が最初の基本格子をもとに考えるよりも簡単なために，結晶解析では専ら2番目の基本格子を採用しています．小さい方を Hexagonal Axes の格子，大きい方を Rhombohedral Axes の格子としています．小さい方の格子を c 軸から見ると正六角形になっているので，そのような名称になったようです．2種類の

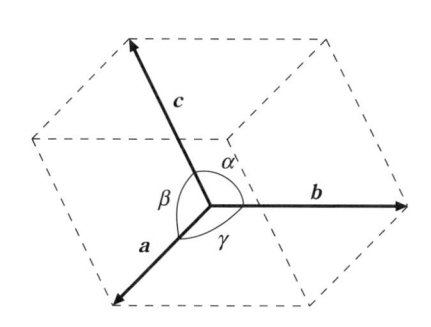

図 2-3　結晶軸と角度の名称．右手系に定義することと角度にも名称が決まっていることに注意．

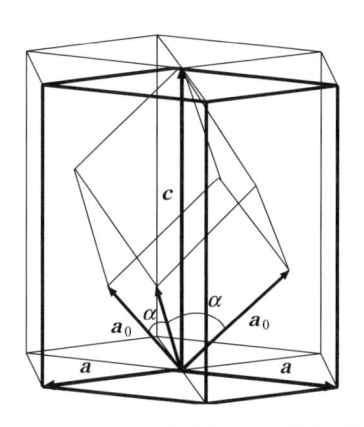

図 2-4　三方晶（菱面体）の2種類の基本格子．小さい方を Hexagonal Axes の格子と呼び，大きい方を Rhombohedral Axes の格子と呼んでいます．結晶解析では後者（太線）を主に考えることになります．

基本格子の格子定数は次のような関係があります.

$$a = b = \sqrt{2}a_0\sqrt{1-\cos\alpha}$$
$$c = \sqrt{3}a_0\sqrt{2\cos\alpha + 1}$$

ただし，a_0 は元の基本格子の格子定数です．元の基本格子との関係が随分違うように見えますが，α 角が 90°からどのように変わろうと，各原子位置は2番目の基本格子で考えれば苦労なく図示できるようになります．回折実験をするともっと良く理解できるはずです．三方晶の試料の粉末回折図形は六方晶のものに良く似ているので結晶系が分かっていない場合はしばしば混同します．

2.3 結晶方位と面指数

結晶の中の方位や原子の面等を表示するために「指数」が用いられます．無論，結晶の次元数に応じた指数が必要であり，3次元の結晶では h, k, l の3つの独立した指数が必要です．

方位指数：$[hkl]$，$\langle hkl \rangle$

3次元格子には独立な基本ベクトルが，$a, b, c,$ の3本あるので，結晶方位をそれらの h 倍，k 倍および l 倍したものと平行だと定義します．これを $[hkl]$

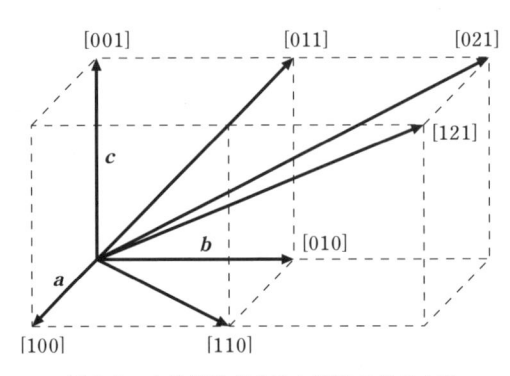

図 2-5 方位指数 $[hkl]$ と実際の結晶方位

第 2 章 結晶学入門

のように表します．立方晶のように，a, b, c が等価なものでは $[hkl]$ 方向と $[khl]$ や $[lhk]$ 方向とは等価になってしまうので，「この形式の方向」と言う意味で，$\langle hkl \rangle$ 方向と書きます．この際，括弧の付け方に注意して下さい．$[hkl]$ にも $\langle hkl \rangle$ にも途中にピリオドやカンマをつけません．hkl は特に必要がない限り整数です．hkl に特に負号をつけたい時には $[h\bar{k}l]$ のように書きます．$[hkl]$ は特定の結晶方位，$\langle hkl \rangle$ は $[hkl]$ 型の一般的な結晶方位と言う意味です．立方晶の場合，$\langle 111 \rangle$ 方向は $[111]$, $[\bar{1}11]$, $[1\bar{1}\bar{1}]$ 等の 8 方位を代表しています．

面指数：$(hkl), \{hkl\}$

結晶内の原子面の組を表すのが面指数です．特定の原子の面を指すと誤解されやすいので注意を要します．面指数で特定される原子面には次の 3 つの要件があります．

1. 基本格子の $(\frac{a}{h}, 0, 0), (0, \frac{b}{k}, 0), (0, 0, \frac{c}{l})$ の 3 点を通る平面と平行であること．
2. (hkl) 面固有の面間隔，d_{hkl}，で互いに隔てられた面の組であること．
3. これら面の組に全てに原子が配列している必要はないが，原子が実際に配列した面が周期的に入っていること．

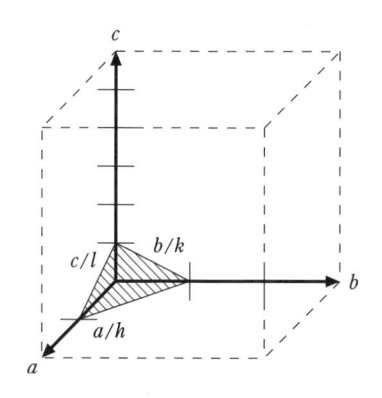

図 2-6 面指数 (hkl) と実際の結晶面．図示した面は単に (hkl) 面と平行なことを示すものであり，結晶面の定義には面間隔 d_{hkl} も含まれています．

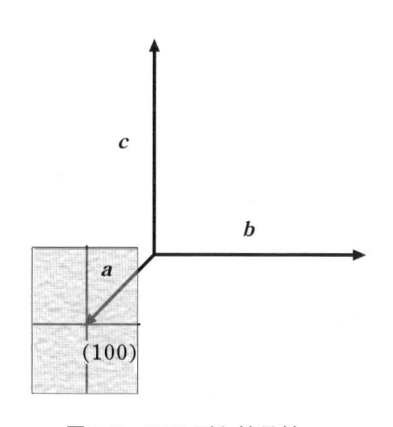

図 2-7 (100) 面と結晶軸

例えば，(100) 面は図 2-7 のように基本格子の $(a, 0, 0)$ 点を通過する原子面で，b 軸や c 軸と平行な面のように描かれることが多いようです．しかし，本当は基本格子の，どの点を通るかは基本格子の中の原子配列によって決まります．基本格子の中にはたくさん原子面があって，どれもが (100) 面に平行なら，本当の (100) 面はどれでしょう．実は全てが (100) 面です．(100) 面と言っているのは面間隔が d_{100} の面の「組」であり，原点を特定していないので，全てが (100) 面だと言えます．(200) 面は (100) 面と平行でかつ，面同士の間隔が (100) 面の半分の d_{200} の面の組であり，以下同様に，(300) 面は d_{100} の 1/3 の間隔に相当する d_{300} で隔てられた面の組，(400) 面は 1/4 の間隔の面の組となります．面同士の間隔が詰まってくれば，全ての面に原子が配列しているはずはなく，原子の無い面もあることが理解できます．

面指数にも方位指数と同様に特定の面を示す (hkl) と言う表記と一般的な面のタイプを示す $\{hkl\}$ という 2 つが使われます．立方晶の場合，$\{125\}$ 面とは $(1\,2\,5), (2\,1\,5), (2\,5\,1), (5\,1\,2), (5\,2\,1)$ およびそれらに負号のついた 48 種類の面を意味しています．方位指数と同様に面指数は特別な理由が無い限り整数であり，途中にカンマやピリオドは入れません．(125) 面と $(\bar{1}\bar{2}\bar{5})$ 面は同じ面の表と裏ですが，回折実験では実際に試料の表と裏の回折強度を計測するので，意味のある区別です．

面指数 (hkl) をミラー指数 (Miller indices) と呼ぶこともあります．ミラー指数は本来宝石のカット面を指す指数であって，面間隔を指定していないので，結晶学で使う「面指数」とは多少違ったものです．

逆格子点とブラッグ反射の指数：hkl

後章で詳しく述べますが，逆格子とそれに対応したブラッグ反射にも指数 hkl が用いられます．この場合は括弧を付けません．方位指数，面指数ともに上記のように整数で表すと言う原則はありますが，混同や混乱をを避ける為であれば，逆格子点の指数に括弧を用いたり，面指数に小数点やカンマを用いても良いことになっています．ブラッグ反射の指数の場合，個々の指数と代表する指数の区別はありません．しかし，粉末回折強度のように，1 つのブラッグ

ピークに複数の等価な指数のピークが重なるような場合には代表して1種類の指数だけを書くことになります.

2.4 面間隔

結晶面間の距離 d_{hkl} は「格子面間隔」と表現しますが，結晶系と基本格子の格子定数が与えられれば，次のような式で計算できます.

・立方晶　　$d_{hkl} = \dfrac{a}{\sqrt{h^2 + k^2 + l^2}}$　　　a：格子定数

・正方晶　　$d_{hkl} = \dfrac{a}{\sqrt{h^2 + k^2 + \left(\dfrac{a}{c}\right)^2 l^2}}$　　　a, c：格子定数

・斜方晶　　$d_{hkl} = \dfrac{1}{\sqrt{\left(\dfrac{h}{a}\right)^2 + \left(\dfrac{k}{b}\right)^2 + \left(\dfrac{l}{c}\right)^2}}$　　　a, b, c：格子定数

・六方晶　　$d_{hkl} = \dfrac{a}{\sqrt{\dfrac{4}{3}(h^2 + hk + k^2) + \left(\dfrac{a}{c}\right)^2 l^2}}$　　　a, c：格子定数

・単斜晶　　$d_{hkl} = \dfrac{\sin\beta}{\sqrt{\left(\dfrac{h}{a}\right)^2 + \left(\dfrac{k}{b}\right)^2 \sin^2\beta + \left(\dfrac{l}{c}\right)^2 - \dfrac{2hl}{ac}\cos\beta}}$　　　a, b, c：格子定数

これらの式は解析的に求めることができます．簡単のために，直交座標系で考えます．図2-8のように，点 e, f, g を通る平面に原点から垂線を下ろして，その足の長さを求めます．高校生程度の数学です．平面の方程式は，

$$\frac{x}{e} + \frac{y}{f} + \frac{z}{g} = 1 \tag{2-3}$$

この平面に垂直な直線の方程式は，

$$y = \frac{e}{f}x = \frac{g}{f}z \qquad (2\text{-}4)$$

従って，交点 x_0, y_0, z_0 は次式のようになります．

$$x_0 = \left[\frac{1}{e} + \left(\frac{1}{f^2} + \frac{1}{g^2}\right)e\right]^{-1}$$

$$y_0 = \frac{e}{f}x_0$$

$$z_0 = \frac{e}{g}x_0$$

図 2-8　平面と原点との距離の計算

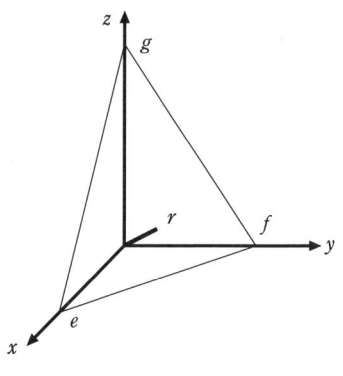

足の長さ r は，$r = \sqrt{x_0^2 + y_0^2 + z_0^2} = \dfrac{1}{\sqrt{\left(\dfrac{1}{e}\right)^2 + \left(\dfrac{1}{f}\right)^2 + \left(\dfrac{1}{g}\right)^2}}$

結晶では点 e, f, g の代わりに $\dfrac{a}{h}$, $\dfrac{b}{k}$, $\dfrac{c}{l}$ を通るので，

$$r = \frac{1}{\sqrt{\left(\dfrac{h}{a}\right)^2 + \left(\dfrac{k}{b}\right)^2 + \left(\dfrac{l}{c}\right)^2}}$$

この式は斜方晶の結晶面間隔を与えています．このような計算は逆格子を知れば著しく簡単になります．後述しますが，知っておくべき関係式は (2-5) 式だけです．

$$d_{hkl} = \frac{2\pi}{|G_{hkl}|} \qquad (2\text{-}5)$$

ここで，$|G_{hkl}|$ は hkl 逆格子ベクトルの絶対値です．逆格子ベクトルは直交系であろうと無かろうと，定義に従って自動的に求まります．

問題 1

1. 正方晶の格子面間隔，d_{hkl}，を求める式を導出しなさい．
2. 六方晶の格子面間隔，d_{hkl}，を求める式を導出しなさい．

2.5 Wulff（ウルフ）網を用いた投影

　結晶の方位や結晶面のある方向や指数を3次元的な見取り図で示したり，特別な方向から結晶を平面に投影して結晶面等を示すことはそれ程困難ではありませんが，系統性に欠けます．結晶の方位や結晶面同士の方位関係を適切に示す手段として，地図の作成法が利用できます．地図の投影法の1つにステレオ投影法 (Stereographic projection) があります．これは地球上の1点を原点とし，地球の裏側に投影面を設け，その面に地図を投影する方法です．実際には，考えている結晶を中心として直径，D，の投影球 (reference sphere) を設けます．この球面と結晶の各方位ベクトルや結晶面法線ベクトルとが交わる点をプロットし，平面に投影します．その様子を図2-9に示しました．投影法の性質上，投影球の前方の半球部分のデータしか投影されませんが，後半の半球の

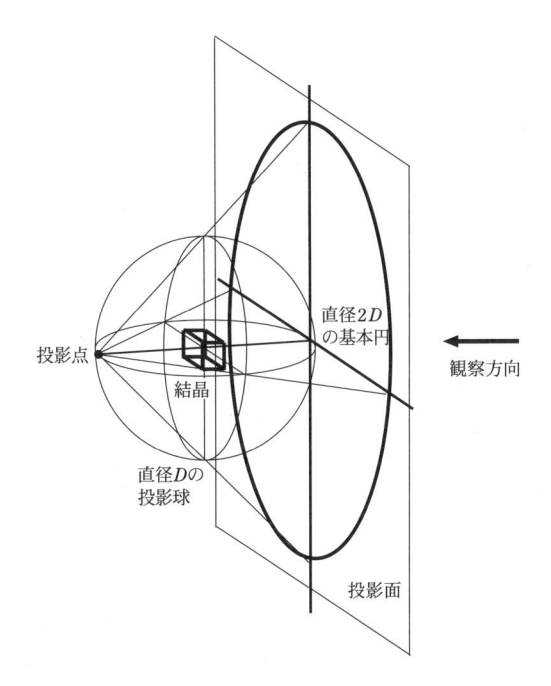

図 2-9　ステレオ投影法，Stereographic Projection

データは前半のものの裏側なので示される情報に不足はありません．投影された結晶方位や結晶面法線は直径，$2D$，の円内にプロットされて図面の右側から観察されます．投影球に地球儀と同様に経線と緯線を刻んで投影したものが図2-10 です．この図面では経度と緯度を5度おきに引いています．この図面を発明者に従って，Wulff（ウルフ）網 (net)，と呼んでいます．この図面は単結晶の結晶方位や結晶面法線だけでなく，多結晶体や多結晶薄膜などの面法線分布図の表示にも利用されています．また，結晶の各種物理性質の異方性を示す為にも広く利用されています．ステレオ投影された結晶の各方位や面法線の間の角度を Wulff 網を利用して読み出すことができます．2 つのベクトルの終点をトレーシング紙に投影します．トレーシング紙の中心に印をつけておきます．Wulff 網に中心点を合わせてトレーシング紙を置き，上記の2点が同じ経線上に並ぶようにトレーシング紙を回転します．経線は投影球の中心を通る大円の1つなので，この線上の目盛りから2点間の角度を読むことができます．ステレオ投影法は地図作製図法とすれば，極地方の変形が大きく，利用し難いので

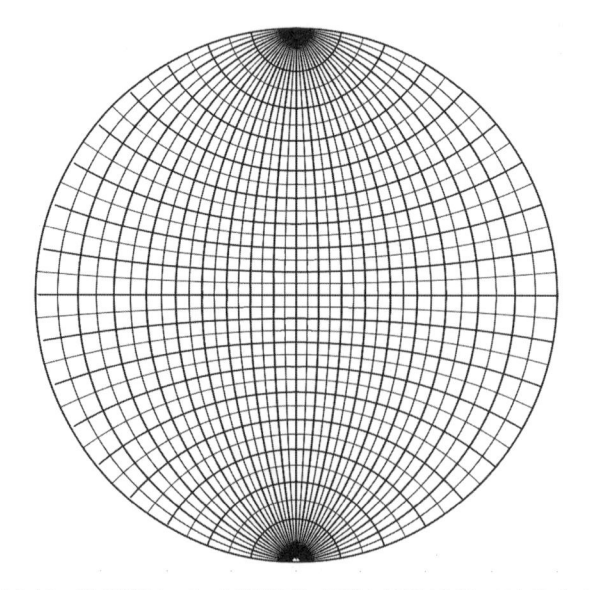

図 2-10 Wulff 網 (net)，5 度間隔に経線と緯線が引いてあります．

すが，極地方に近い所を除けば経線と緯線の込み具合がほぼ揃っていて読みとり誤差やプロット上の誤差がばらつかない利点があります．投影球上の多角形はWulff網上も多角形になりますが，各辺は大円上の線分なので曲線になります．投影球上の円はWulff網上も円になる特徴がありますが，その中心は投影球上の中心とは違うので注意を要します．

結晶をある結晶方位を回転軸として任意の角度回転した後に各方位や面法線がどのようになるのかもWulff網を使うと容易に分かります．Wulff網の北極に回転軸があると，結晶の回転により，各方位は緯線に沿ってそれぞれ同じ角度だけ回転します．今度は北極以外の投影円の縁に別の回転軸がある場合を考えます．この場合には，各方位をトレーシング紙に書き写しWulff網を回転して北極ないしは南極と回転軸が一致するようにします．結晶の回転により各点はWulff網の緯線を移動するようになります．任意の軸で結晶を回転する場合は便宜的に回転軸を投影円の中心か円周上にWulff網を使って（回転軸を赤道

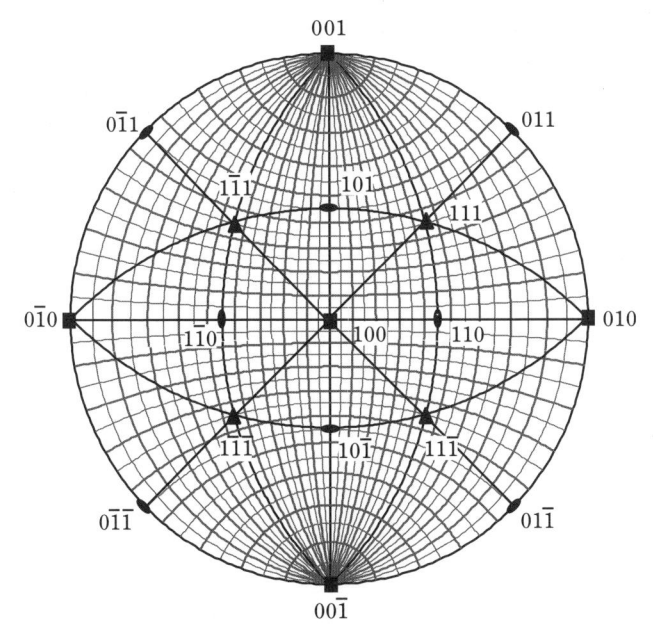

図 2-11　立方晶の [100] 標準投影図．立方晶の結晶軸と晶帯．

上に置くように配置) 移動し，同じような回転をさせた後，回転軸を元に戻す回転を全体に施します．

図 2-11 は立方晶の [100] 方位が投影面を向き，[001] 方位が垂直上向きになった場合の各結晶軸の分布を Wulff 網上に示したものです．図上の■や▲印は立方晶の回転対称性を示しています．太線は「晶帯」と呼ばれる投影球の上の大円を示しています．水平線は [001] 晶帯であり，[001] 軸に垂直な大円です．この線上に [100], [110], [210], [310] 等の軸があります．低い指数の結晶軸はこれらの大円上ないしはその交点に位置しています．立方晶，正方晶および斜方晶では，結晶軸は同じ hkl 指数の結晶面の法線に平行です．

その結晶面法線の分布を図 2-12 に示します．この図面も立方晶を [100] 軸が投影面に向くように置いた場合を示しています．図 2-11 と 12 を比較すると，図 2-11 に示した「晶帯」の上に多くの面法線が並んでいることが分かります．図 2-12 は立方晶の [100] 標準投影図ですが，中心に [110], [111] あるいは [112]

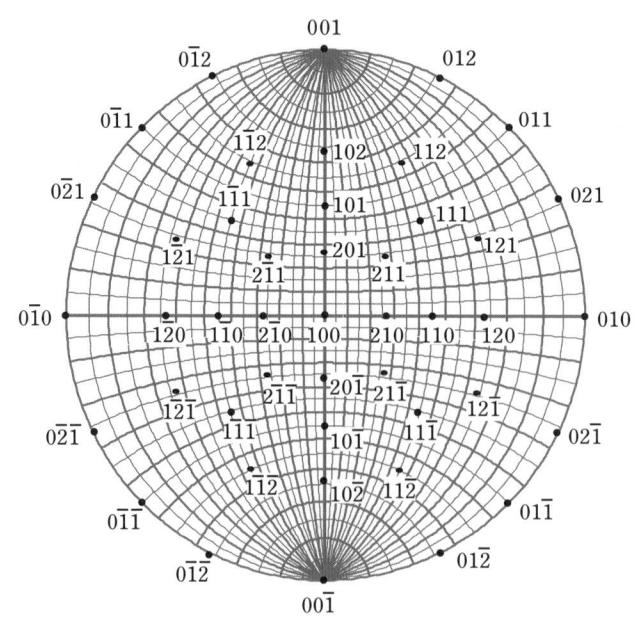

図 2-12 立方晶の [100] 標準投影図．立方晶の結晶面法線分布．

軸を置いた投影図も実用上重要です．これらの図面を作成するためには各面法線間の角度が必要であり，立方晶の場合は次の表が利用できます．

表 2-1 立方晶の結晶面法線間の角度

	100	110	111	210	211	221	310
100	90						
110	45 90	60 90					
111	54.7	35.3 90	70.5 109.5				
210	26.6 63.4 90	18.4 50.8 71.6	39.2 75.0	36.9 53.1			
211	35.3 65.9	30 54.7 73.2 90	19.5 61.9 90	24.1 43.1 56.8	33.6 48.2		
221	48.2 70.5	19.5 45 76.4 90	15.8 54.7 78.9	26.6 41.8 53.4	17.7 35.3 47.1	27.3 39.0	
310	18.4 71.6 90	26.6 47.9 63.4 77.1	43.1 68.6	8.1 58.1 45	25.4 49.8 58.9	32.5 42.5 58.2	25.9 36.9

問題 2　(p.114, 115 のウルフネットを利用して下さい)

1. 立方晶の 021 面法線を回転軸として結晶を 30 度時計回りに回転した後の結晶の投影図を図 2-12 を利用して描け．
2. 同様の回転を 120 面法線を中心として実行せよ．
3. $a = 3.5$ Å，$c = 7.0$ Å の正方晶について図 2-11 のような [100] 標準投影図を描け．
4. 同上の正方晶について (100), (110), (111), (210), (211) 面法線間の角度を計算し，表 2-1 に相当する表を完成せよ．
5. 上記の表に基づいて図 2-12 のような正方晶の標準投影図を作成せよ．
6. 立方晶の [110] 標準投影図を作成せよ．

2.6 対称操作と並進対称性の共存

2次元結晶ないし3次元結晶の特徴として挙げた並進対称操作ですが，結晶を特徴づけるもう1つのものに回転対称性，鏡映対称性，反転対称性などの対称操作があります．成長した結晶はきれいな多面体の場合が多く，基本格子の内部の原子も整然と並んでいます．基本格子は結晶の示す巨視的な対称性をそのまま持つ最小繰り返し体積であり，結晶の対称性に基づいて，許された操作 2, 3, 4 回および 6 回の回転操作，同じく，2, 3, 4 回および 6 回の回反操作，鏡映操作，反転操作を施しても元の基本格子に戻ります．2回回反操作 ($\bar{2}$) は鏡映操作 m と同じものなので注意が必要です．

ここに挙げた対称操作，2, 3, 4, 6, $\bar{2}$, $\bar{3}$, $\bar{4}$, $\bar{6}$, m, i は一括に「点群操作」と言っています．次にこれらの操作を記号と共に示します．

表記上の記号	対称操作の名称	図面上の記号
2	2回回転	●
3	3回回転	▲
4	4回回転	◆
6	6回回転	⬢
$\bar{3}$	3回回反	△
$\bar{4}$	4回回反	◇
$\bar{6}$	6回回反	⬡
$\bar{1}$ (i)	反転	○
m ($\bar{2}$)	鏡映	⌐ ＿ ／ ＿

これらの対称操作は図 2-13 に示す通りです．

同じ模様の原子がそれぞれの対称操作によって位置を交換するので「等価位置」にあると表現します．

図面に示したように，回転操作と反転操作および鏡映操作は理解し易いと思われます．回反操作では，回転操作と反転操作が同時に起きますが，別々に起

きるわけではないので，独立した操作になっています．注意して見ると回転操作にも回反操作にも5回や8回などの操作がありません．

2回，4回および6回回転軸上に反転中心がある場合，即ち，記号 $\bar{2}$, $\bar{3}$, $\bar{4}$, $\bar{6}$, の場合と，回転操作とそれに直交した鏡映操作がある場合があります．「回映操作」と呼びます．図面上の記号は $2/m$, $3/m$, $4/m$, $6/m$ のように書きます．2種類の対称操作が係わるので回映操作を独立した点群操作とは現在の結晶学は見なさないのですが，回反操作と回映操作が同じ原子配置を作る場合もあります．3回回転軸に垂直に鏡映面がある場合 $3/m$ と書く訳ですが，この操作

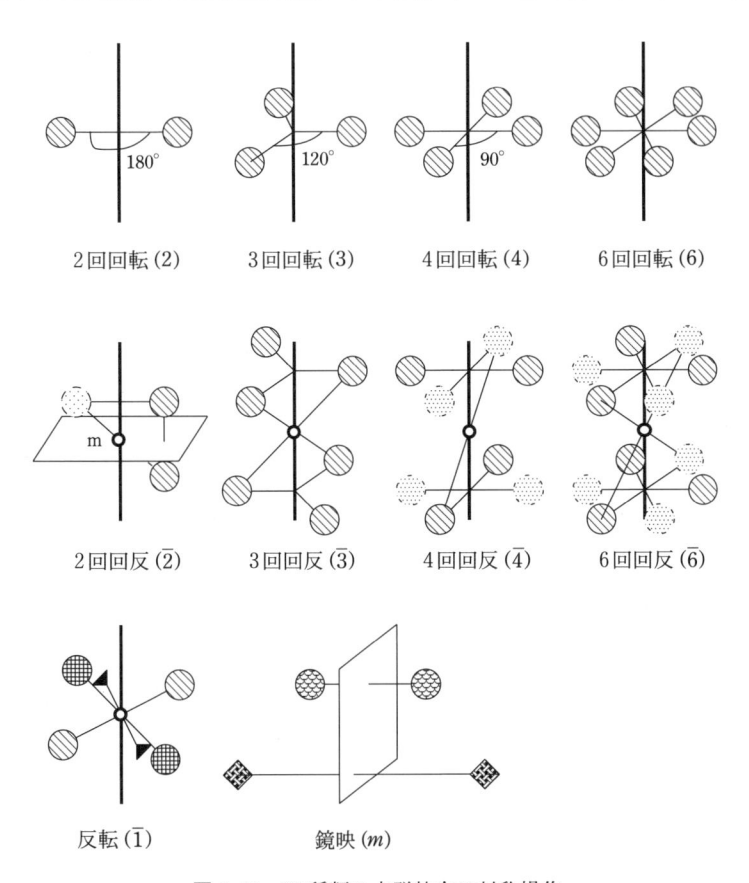

図 2-13　10種類の点群特有の対称操作

は6回回反操作, $\bar{6}$ と等価です．以前は回映操作を優先に考えていましたので，本書の上級編の「回転群の表現」の項（アグネ技術センター発行「結晶構造学上級編」第2章）では回映操作が記号 S_2, S_3, S_4, S_6 を伴って再登場します．自由に運動している孤立分子では5回，7回，8回回転操作等自由に定義できますが，結晶の中にはそのような操作はありません．その理由は，つぎのように簡単に理解できます．

　平面に1つの多角形の図形を描き，それを繰り返して平面を隙間なく覆うことができるかどうかを考えます．そのような多角形としては三角形，四角形（正方形，長方形，平行四辺形）および正六角形の3種類しかありません．五角形や八角形で覆えそうに思うのですが，実際にはいくら工夫しても別の多角形を混ぜないと平面は覆えません．不等辺四角形も使えません．繰り返し図形で平面を隙間なく覆うことができるのは，結局，正方形，長方形，平行四辺形，正六角形の四種類しかありません．それぞれの図形の中心に回転軸を立ててみると，図形の回転対称性はそれぞれ，4回，2回，2回，6回の回転対称性であることが見て取れます．六角形の中にある正三角形の重心に回転軸を立ててみると，今度は3回回転対称性が現れます．隣り・隣りと同じ図形を繰り返して描くことを並進対称操作と言います．

　このように並進対称性と回転対称性との共存条件が平面内繰り返し図形，即ち2次元格子，の回転対称性に厳しい制限を加えています．事情は3次元空間でも良く似ており，繰り返し平面図形の代わりに1種類の繰り返し体積を定義することになります．この体積は立方体，直方体（$a=b\neq c$ および $a\neq b\neq c$），六角柱，菱面体，平行六面体（左記のものに含まれないもの）だけです．従って，この繰り返し体積の中で許される回転対称操作は平面と同じく，2回，3回，4回および6回回転操作だけです．この繰り返し体積の最小のものが基本格子になります．基本格子の中の原子配列には反転操作や鏡映操作が可能です．具体的な操作は図面を参照しただけで理解できるでしょう．反転操作の中心，反転中心，を持つ基本格子を「中心対称性 (centrosymmetric class)」の格子，あるいは「対称心あり」の格子と称します．またこれらをラウエクラス (Laue class) の格子と言うこともあります．それ以外を「中心対称性なし (non-centrosymmetric class)」の格子，あるいは「対称心なし」の格子としています．「中心対称性」の格子では誘電性が望めませんが，絶縁性で「中心対称性なし」の格子は多くの場合誘電体になります．

実際の基本格子では「点群操作」のほかにらせん操作と映進操作とが許されます．前述の「結晶系」と「点群操作」のあり方から全ての結晶を 32 の結晶点群 (point groups or crystal classes) に分けることができます．点群は「回転群」と呼ぶこともあり，各点群にはそれぞれ固有の基底関数 (Basis function) が定義できます．例えば，$m\bar{3}m$ 点群 (O_h 点群) の e_g 表現の基底関数は $3z^2-r^2$，x^2-y^2 の 2 つです．関数を基礎にフォノンや電子の固有関数と固有値を計算することになります．これに関しては上級編で「回転群の表現」に触れる際に詳しく述べます．

問題 3

1. 底面が $a \times a \text{Å}^2$ の正方形で c 軸の長さも $a\text{Å}$ の基本格子があり，α 角は 90° である．β 角の値によってこの基本格子は 2 種類の晶系に属する可能性がある．それは何晶系と何晶系か．
2. 基本格子の内部で「点群操作」が行われる時の中心，つまり回転中心，鏡映面，あるいは反転中心は基本格子内のどこにあっても良いのではなく，基本格子の中心のような対称性の良い場所にしかない．正方晶を例に取って，その理由を述べよ．
3. 3 回回転軸に垂直に鏡映面のある場合，$3/m$ 軸と書くことができるが，この操作は別の点群操作と全く同じ効果を持つ．その操作とは何か．
4. 3 回回転軸のどこかに反転中心があるときにも，別の点群操作と同じになる．それはどのようなものか答えよ．

表 2-2 に 32 種類の点群を示しました．点群の記号には国際記号と Schönflies 記号とがあります．国際記号に含まれている，$6, \bar{6}, m$ 等の記号は回転軸や回映軸および鏡映面を意味しています．それらに対応した特徴的な対称操作がそれぞれの点群の基本格子に許されています．しかし，基本格子に含まれている

表 2-2 32 の結晶点群 (Crystal Classes) を示します．記号に国際記号と Schönflies 記号の 2 種類があります．

晶系	国際記号	対称心（中心）の有無	Schönflies 記号
立方晶 Cubic	$m\bar{3}m$	○	O_h
	$m\bar{3}$	○	T_h
	432	×	O
	$\bar{4}3m$	×	$T_d(T_v)$
	23	×	T
正方晶 Tetragonal	$4/mmm$	○	D_{4h}
	$4/m$	○	C_{4h}
	$4mm$	×	C_{4v}
	$\bar{4}2m(\bar{4}m2)$	×	$D_{2d}(D_{2v}, V_d)$
	422	×	D_4
	$\bar{4}$	×	S_4
	4	×	C_4
斜方晶 Orthorhombic	mmm	○	$D_{2h}(V_h)$
	$mm2$	×	C_{2v}
	222	×	$D_2(V)$
六方晶 Hexagonal	$6/mmm$	○	D_{6h}
	$6/m$	○	C_{6h}
	$\bar{6}2m(\bar{6}m2)$	×	D_3
	$6mm$	×	C_{6v}
	$\bar{6}$	×	C_{3h}
	622	×	D_6
	6	×	C_6
三方晶（菱面体） Trigonal (Rhombohedral)	$\bar{3}m1(\bar{3}1m)$	○	$D_{3d}(D_{3i}, D_{3v})$
	$\bar{3}$	○	$C_{3i}(S_6)$
	$31m(3m1)$	×	C_{3v}
	321(312)	×	D_3
	3	×	C_3
単斜晶 Monoclinic	$2/m$	○	C_{2h}
	m	×	$C_s(C_{1h}, S_1)$
	2	×	C_2
三斜晶 Triclinic	$\bar{1}$	○	$C_i(S_2)$
	1	×	$C_1(C_0)$

対称操作はそれらが全てではないので注意を要します．現在では Schönflies 記号を結晶解析に使う場面が少ないのですが，フォノンや電子の固有関数やエネルギー固有値を求める場面で用いられることが多いので注意してください．両方とも同じ意味ですが慣習的に使い分けています．

2.7 Bravais（ブラベ）ファミリーと逆格子点

　各結晶面によるX線回折ピークの中でも，基本格子中の原子配列によっては観測できるものと，できないものが出てきます．結晶の分類法の1つに回折ピーク（斑点）がどのような規則に基づいて，現れ，あるいは消えているのか，という点に注目した方法がブラベファミリーによる分類法です．ブラベファミリーは逆格子点あるいは回折ピークの「消滅則」による分類と言い換えることができ，表2-3に示すように，7種類あります．この7種類の中でもA, BおよびCの印のある格子は同種（底面心格子）なので，実質的には5種類と見ることもできて，それらをボロノイタイプ(Voronoi type)と呼んでいます．

　基本格子が与えられ，原子・分子が与えられた対称性に基づいて配列しているとします．その配列をもつ結晶について回折強度の測定をしてみると，どのhkl結晶面の回折強度も観測できる場合と，飛び飛びにしか観測できない場合とがあります．後者の場合にも，2通りあって，$h00, hh0$あるいは$hk0$反射のように特定の指数の場合にだけ規則性がある場合と一般的なhkl反射に共通して規則性が現れる場合とがあります．$h00, hh0$あるいは$00l$のような000点を通過する逆格子線上の反射に起きる出現・消滅の規則性を serial reflection conditions と言い，$hk0$ ($h \neq k$) のような000点を含む逆格子面内の反射に起きる規則性を zonal reflection conditions と言います．それら以外の一般的な場合を integral reflection conditions としています．これらの規則性はそれぞれ違ったタイプの対称操作が関係しています．ブラベファミリーによる分類はその中でも一般的なhkl反射の出現・消滅の規則性 (integral reflecton conditions) に基づくものです．ブラベファミリーを区別する記号 (centering types) とhkl反射の出現・消滅の規則性との関係は表2-3のようになっています．

　ブラベ記号には六方晶を表す記号Hもありますが，ブラッグ反射や逆格子点の出現・消滅の規則性との関係はないのでブラベファミリーに入っていません．六方晶はブラッグ反射から見ればP格子なので注意して下さい．P格子は単純格子(primitive lattice), I格子は体心格子(body-centerd lattice), F格子は三面心格子(all-face centered lattice), A, B, C格子はA面心格子, B面心格子,

表 2-3 ブラベファミリーを区別する記号とブラッグ反射および逆格子点の出現・消滅規則

ブラベファミリー	出現・消滅規則
P	hkl 反射ないし逆格子点は基本的に全て観測される.
I	$h+k+l = 2n$ (n: 整数) の条件を満たす hkl 反射ないし逆格子点だけが現れる.
F	h, k, l 全てが偶数ないし全てが奇数の場合だけ hkl 反射ないし逆格子点が現れる.
C	$h+k = 2n$ (n: 整数) の条件を満たす hkl 反射ないし逆格子点だけが現れる.
A, B	C 格子と同様, $k+l = 2n$ or $h+l = 2n$ (n: 整数) の場合に現れる.
R	三方晶 (菱面体) であり, $a=b=c$ の基本格子を考える場合には P 格子と同様, 消滅則はない. 疑似六方晶の基本格子を考えた場合には $-h+k+l = 3n$ ないし $h-k+l = 3n$ (n: 整数) の条件を満たす hkl 反射ないし逆格子点が現れる. この系では c 軸を逆にすると原子の配置が左右逆になるので, 2 通りの消滅則が必要になる.

C 面心格子 (A, B or C-face centered lattice) ですが, どれもが底面心格子 (one-face centered lattice) と言われることもあります. R 格子が菱面体であることは表中に示したとおりです. 日本語での分類法で言う「単純格子」,「体心格子」,「三面心格子」,「底面心格子」,「菱面体」は 5 種類のボロノイタイプに対応した言い方です.

　7 種類のブラベファミリーによる分類は hkl 反射の出現・消滅の規則性に基づくものですが, これは基本格子の中に基本ベクトルによる並進操作のほかに, 6 種類の付加的な並進操作 (centering translation) があるためです.

　P 格子では付加的な並進操作がないので, 結晶中のどの原子も基本ベクトル分だけ並進, $\pm a \pm b \pm c$, したところに同種の原子 (イオン) があるだけですが, I 格子では $\pm\frac{a}{2} \pm\frac{b}{2} \pm\frac{c}{2}$ の 8 種類の付加的な並進をしたところにも同種の原子 (イオン) があります. 従って, どの原子を中心にしても体心格子を描くことができます. I 格子の代表が体心立方晶であり, 正方晶, 斜方晶, 単斜晶の I 格子もあります. F 格子では $\pm\frac{a}{2} \pm\frac{b}{2}$, $\pm\frac{b}{2} \pm\frac{c}{2}$, $\pm\frac{a}{2} \pm\frac{c}{2}$ の 12 種類の付加的

第2章 結晶学入門

な並進をすれば同種の原子に出会えます．F 格子の代表が面心立方晶であり，斜方晶の F 格子もあります．I 格子と F 格子では許される晶系に違いがあるように見えます．

しかし，これは原則であり，結晶構造を正しく理解したり，理解し易い論文を書くためであれば，正方晶や単斜晶の F 格子を考えても良いことになっています．ただし，その場合には特別な定義をしていることを明記することになっています．その場合には混乱を避けるために空間群の通し番号を書き添えるようにお願いします．

A, B および C 格子は F 格子と似ています．3種類の格子の取り方の中から C 格子を底面心格子の基本に考えることになっており，この場合，$\pm\frac{a}{2}\pm\frac{b}{2}$ だけ並進したところに同種の原子があります．C 格子という名称はこの付加的な並進が C 面（a 軸と b 軸がつくる面）の中にあるからです．同様に A 格子なら付加的な並進は $\pm\frac{b}{2}\pm\frac{c}{2}$ であり，B 格子なら $\pm\frac{a}{2}\pm\frac{c}{2}$ です．A, B, C 格子とも現れる可能性のある晶系は斜方晶と単斜晶の2つです．

R 格子では多少事情が込み入っています．疑似六方晶の基本格子で考えることにします．この場合，付加的な並進は $\frac{2}{3}a+\frac{1}{3}b+\frac{1}{3}c$，$-\frac{1}{3}a+\frac{1}{3}b+\frac{1}{3}c$，$-\frac{1}{3}a-\frac{2}{3}b+\frac{1}{3}c$ とその反対側，$-\frac{2}{3}a-\frac{1}{3}b-\frac{1}{3}c$，$\frac{1}{3}a-\frac{1}{3}b-\frac{1}{3}c$，$\frac{1}{3}a+\frac{2}{3}b-\frac{1}{3}c$ の都合6方向になります．この基本格子は，c 軸から見た時と $-c$ 軸から見た時では原子配列が左右逆になるので，$-c$ 方向から見た基本格子では付加的な並進は $\frac{1}{3}a+\frac{2}{3}b+\frac{1}{3}c$，$\frac{1}{3}a-\frac{1}{3}b+\frac{1}{3}c$，$-\frac{2}{3}a-\frac{1}{3}b+\frac{1}{3}c$ とその反対側，$-\frac{1}{3}a-\frac{2}{3}b-\frac{1}{3}c$，$-\frac{1}{3}a+\frac{1}{3}b-\frac{1}{3}c$，$\frac{2}{3}a+\frac{1}{3}b-\frac{1}{3}c$ の都合6方向になります．

このような付加的な並進操作があると，後に述べる「構造因子」の位相項が変わるので表2-3に示したようなブラッグ回折ピークや逆格子点の規則的な出

現・消滅が起きます．R格子の場合，上記のc軸から結晶を見た場合の規則性が $-h+k+l=3n$ であり，$-c$軸から見た場合が $h-k+l=3n$ の規則になります．

図2-14は7種類のブラベファミリーを示しています．影付の丸印は並進操作によって互いに交換される等価な原子の座標を示しています．

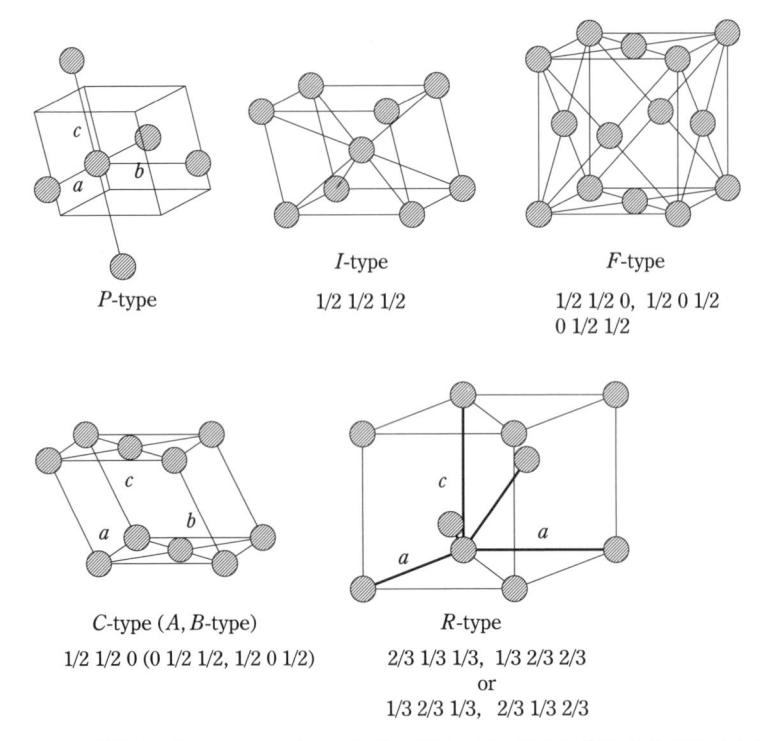

P-type

I-type
1/2 1/2 1/2

F-type
1/2 1/2 0, 1/2 0 1/2
0 1/2 1/2

C-type (A, B-type)
1/2 1/2 0 (0 1/2 1/2, 1/2 0 1/2)

R-type
2/3 1/3 1/3, 1/3 2/3 2/3
or
1/3 2/3 1/3, 2/3 1/3 2/3

図 2-14 7種類のブラベファミリー．各基本格子の下の数字は付加的な並進ベクトルの型 (centering types) を示します．

ブラベ格子

結晶解析では基本格子が次の14種類の「ブラベ格子」のどれかのタイプに属することを前提としています．「ブラベ格子」の分類は5種類のボロノイタイプと「晶系」を併せたものであり，立方晶のP格子として，「cP格子」，正方晶のI格子として，「tI格子」，のように表現します．

表2-4にブラベ格子を示します．表には「三方晶」の欄が抜けています．「三方晶」の基本格子は疑似六方晶の形で定義することにして，「六方晶」に分類し，hR 格子という名称を与えています．また，正方晶の欄に tF 格子が抜け，単斜晶の欄に mI 格子が抜けている点に注意して下さい．表の中の記号，c, t, o, m, h

表2-4 14 種類のブラベ格子

晶系	ブラベ格子の名称
立方晶	cP, cI, cF
正方晶	tP, tI
斜方晶	oP, oI, oC, oF
単斜晶	mP, mC
六方晶	hP, hR
三斜晶	aP

および a はそれぞれ，立方晶，正方晶，斜方晶，単斜晶，六方晶および三斜晶を表しています．

しかしながら，「ブラベ格子」の定義はあくまで原則であり，実際の結晶解析では tF 格子や mI 格子あるいは元の三方晶の基本格子も定義できます．

本節の非磁性ブラベ格子は現代の結晶解析では余り重要視されていませんが磁性ブラベ格子は磁気構造をめぐる議論には頻繁に登場します．

余談ですが古い固体物理の本に 'Bravais case' と 'non-Bravais case' と言う記述があります．これらは結晶学の定義ではありません．前者は銅 (fcc) や鉄 (bcc, fcc) のような '純粋物質の単純な結晶' と言う意味であり，数種類の原子 (イオン) あるいは原子位置のある結晶は全て後者です．

問題 4

1. 正方晶のブラベ格子にも立方晶のブラベ格子にも C 格子がない．その理由を答えなさい．
2. 単斜晶のブラベ格子として I 格子を定義することは許されているが，F 格子はない．その理由を答えなさい．

2.8 実格子と逆格子

逆格子の定義はすでに学習したはずですが，簡単におさらいします．

3次元格子の場合，3本の基本ベクトル，***a***, ***b***, ***c***, が与えられると逆格子ベ

クトルは下の式で定義できます．

$$a^* = 2\pi \frac{1}{V}[b \times c] \tag{2-6}$$

$$b^* = 2\pi \frac{1}{V}[c \times a] \tag{2-7}$$

$$c^* = 2\pi \frac{1}{V}[a \times b] \tag{2-8}$$

ここで，

$$V = a \cdot [b \times c] = b \cdot [c \times a] = c \cdot [a \times b]$$

V は基本格子の体積です．このように定義すると，次のような重要な式が成り立ちます．

$$a \cdot a^* = 2\pi,\ b \cdot b^* = 2\pi,\ c \cdot c^* = 2\pi$$
$$a \cdot b^* = a \cdot c^* = b \cdot a^* = b \cdot c^* = c \cdot a^* = c \cdot b^* = 0$$

逆格子ベクトルの定義の優れた点は2行目にある基本ベクトルと逆格子ベクトルの直交性にあります．回折実験をする場合，各逆格子点の波数ベクトル，G は試料が立方晶などの直交系ならば，3本の基本ベクトルと同じ方向でかつその絶対値の逆数を単位としたベクトルとして作図すればよいのです．2π を掛け合わせるのが物理学流です．直交系なら逆格子の基本ベクトルは正格子の基本ベクトルと同じ方向であり，絶対値は $|a^*| = \dfrac{2\pi}{a}, |b^*| = \dfrac{2\pi}{b}, |c^*| = \dfrac{2\pi}{c}$ です．正格子の3本の基本ベクトルのひとつでも他と直交しなくなると逆格子ベクトルの方向と正格子の基本格子のベクトルの方向が一致しなくな

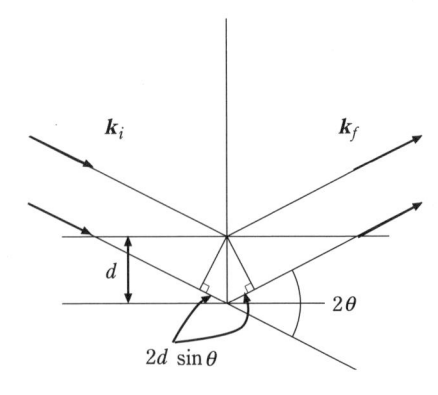

図 2-15　1次回折条件（Bragg 条件）

第2章 結晶学入門

る場合が出てきます．それは，hkl の指数をもった逆格子ベクトルが指数 (hkl) の結晶面と垂直のベクトル（面法線ベクトル）になるように定義されているからです．

「逆格子」の考え方は回折現象の解釈からきています．幾何学条件は図2-15に示した通りです．ブラッグ回折条件は普段，$n\lambda = 2d \sin\theta$ と書かれます．初等的な物理の取り扱う式ですが，左辺の n は「光路差」が波長の何倍かと言う意味でつけられた定数です．d の間隔をもった結晶面に関して，回折角 θ を徐々に変えながら回折強度を測定してゆくと，幾つかの回折角 $\theta_1, \theta_2, \theta_3$, etc. で回折現象が起きます．この現象を最も θ の低い順番に1次反射，2次反射，3次反射，4次反射等と呼んでいます．これらは，$n = 1, 2, 3, 4$ の場合に相当した反射強度です．この現象の見方を少しかえます．上記のブラッグ回折条件の式を $\lambda = \dfrac{2d}{n} \sin\theta$ と変えてみます．すると，1次反射はそのままで良いのですが，2次，3次，4次などの高次反射は $\dfrac{d}{2}, \dfrac{d}{3}, \dfrac{d}{4}$ の面間隔の（仮想的な）結晶面からの1次反射であると解釈することができます．この条件を図示してみます．ブラッグ回折条件を2等辺3角形で示すことができます．入射X線と回折X線の波長が λ であり，回折を起こす結晶面の間隔が d だとすると，2辺の長さが

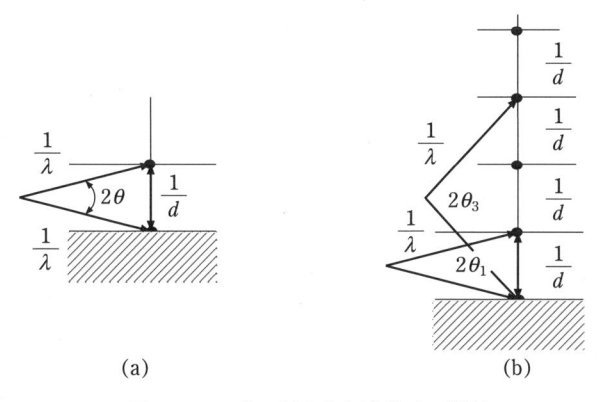

図2-16 n 次回折条件と逆格子の関係

$\frac{1}{\lambda}$ で 1 辺の長さ $\frac{1}{d}$ の 2 等辺 3 角形を図 2-16(a) のように描くことができます．2 等辺 3 角形の頂角が 2θ になります．影を付した部分が回折を起こしている結晶面の表面だと思って下さい．2 つの等辺のうち，上側が回折波，下側が入射波に相当しています．

これは 1 次反射の条件であり，2 次以降の回折条件は (b) 図のようになります．入射波と反射波に相当する 2 等辺 3 角形の頂角が $2\theta_2$, $2\theta_3$, $2\theta_4$ と徐々に開き，底辺の長さが $\frac{1}{d}$ の倍数だけ長くなってゆくのがわかります．底辺の下の点が固定されているので，上の点が結晶面に垂直に $\frac{1}{d}$ 間隔の点の列になり，下の固定点が逆格子の原点である 000 点になります．(b) 図はブラッグ回折条件を $\frac{n}{d} = \frac{2\sin\theta_n}{\lambda}$ と書き直すと理解が一層容易になります．このように逆格子点を考えることを Ewald (エワルト) の構築 (construction) と呼びます．

これらの等間隔の点の列は，あらゆる結晶面に垂直に定義することができ，最終的に規則正しい格子のような形になります．この格子を逆格子 (reciprocal lattice) と呼んでいます．結晶格子は現実の格子なので，「実格子」ないしは「正格子」と呼んでいます．逆格子の入る空間が「逆空間」(reciprocal space) と呼ばれるのですが，SF 小説のようでおかしな名称なので，回折現象を取り扱う専門家だけがこの名称を使っているようです．通常は，この空間に平面波である入射波と回折波も書き入れ，波長に依存した物理現象を考えるので，「波数空間」という名称の方が一般的です．

このように逆格子は n 次のブラッグ回折条件から生まれた概念であり，実際に結晶面の間隔, d, が n 等分できるか否かを考えたものではありません．逆格子点 100 が (100) 面の回折に対応し，200 と 300 点が (200) と (300) 面の回折に対応していますが，(200) と (300) 面には (100) 面が含まれ，原子の配列していない面があっても良いと説明した理由がこれで理解できたはずです．

Ewald の逆格子が基本ベクトル, $\boldsymbol{a}^*$, $\boldsymbol{b}^*$, $\boldsymbol{c}^*$ を単位とすることはすでに述べ

ましたが，それらと定数 2π だけ尺度が違うものを考える場合があります．これは平面波を $\exp i kr$ と書くか，$\exp 2\pi i kr$ と書くかの差に基づく違いです．逆格子の定義式 (2-6～8) は前者の場合であり，その空間に入射波と反射波を書き入れる場合には長さ $\frac{2\pi}{\lambda}$ の線分で，結晶面間隔に相当する線分を $\frac{2\pi}{d}$ を単位に描くことになります．直交系の結晶ならば，a^*, b^*, c^* の絶対値はこの座標系では前出のように，それぞれ，$\frac{2\pi}{a}$, $\frac{2\pi}{b}$, $\frac{2\pi}{c}$ です．

問題 5

1. 次の基本格子の逆格子を 3 次元的に描き，各逆格子点に指数，hkl，を付しなさい．体心立方晶 (bcc)，面心立方晶 (fcc)，六方稠密格子 (hcp)
2. 三方晶の小さい方の基本格子，Hexagonal axes，の逆格子の面を指数とともに描きなさい．ただし，000 点を含む (111) 面に平行な面だけで良い．

2.9 逆格子の広がりと Laue（ラウエ）関数

逆格子は n 次のブラッグ回折条件から生まれています．現実の回折現象では有限の大きさを持った結晶に必ずしも完全に位相が揃っていない X 線が入射しているので，逆格子点は有限の大きさを持つことを示します．

結晶による X 線の散乱強度は散乱波，$A(k)$，の振幅の二乗，$A^*(k)A(k)$ に比例します．k は散乱波の波数であり，必ずしも回折を伴わなくても良いのです．散乱波は結晶中の各原子の散乱波の重ね合わせとして書き下すことができるので，

$$A(k) = \sum_{i=1}^{N} \sum_{j=1}^{n} f_j(k) \exp[-i k (r_j + r_i)] \tag{2-9}$$

ここで，$f_j(k)$ は基本格子内の j 番目の原子によるの散乱強度のフーリエ変換であり，原子散乱因子 (atomic scattering factor) ないしは原子形状因子 (atomic form factor) という物理量になっています．波数に依存した量になっている理由は原子ごとの散乱強度に散乱角依存性があるからです．r_j, r_i はそれぞれ基

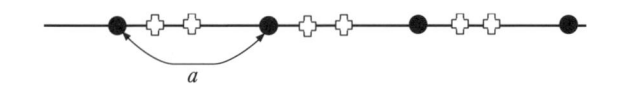

図 2-17　1 次元格子

本格子中の j 番目の原子位置と結晶中の i 番目の基本格子の原点を示します．(2-9) 式の $\exp[-i\bm{k}(\bm{r}_j+\bm{r}_i)]$ の項は各原子による散乱波の位相差に対応しています．この式は基本格子内の寄与と基本格子の並進対称性による繰り返しの項に分けることができるため，次式のように変型できます．

$$A(\bm{k}) = \sum_{i=1}^{N} \exp[-i\bm{k}\bm{r}_i] \sum_{j=1}^{n} f_j(\bm{k})\exp[-i\bm{k}\bm{r}_j] \tag{2-10}$$

右辺第 1 項は基本格子の原点の寄与を加えるだけなので，計算が実行できます．試しに 1 次元格子で考えてみます．図 2-17 は 1 次元格子を模式的に示すものですが，黒丸を各基本格子の原点とします．

右辺第 1 項の累加は，

$$\sum_{i=1}^{N} \exp[-i\bm{k}\bm{r}_i] = 1 + \exp[-i\bm{k}a] + \exp[-2i\bm{k}a] \cdots$$
$$+ \exp[-(N-1)i\bm{k}a] \tag{2-11}$$
$$= \frac{1-\exp[-Ni\bm{k}a]}{1-\exp[-i\bm{k}a]} = L(\bm{k})$$

回折強度は $A^*(\bm{k})A(\bm{k})$ に等しいので，上の項も $L^*(\bm{k})L(\bm{k})$ として寄与します．この $L(\bm{k})$ をラウエ (Laue) 関数と呼びます．次式が最終的に求まります．

$$L^*(\bm{k})L(\bm{k}) = \frac{\sin^2(Nka/2)}{\sin^2(ka/2)} \tag{2-12}$$

$L^*(\bm{k})L(\bm{k})$ は図 2-18 のようになります．図の横軸を $\frac{2\pi}{a}$ を単位に表示しています．

図 2-18 は 1 次元基本格子が $N=3, 7$ および 11 の場合を示しています．波数，k, を $2\pi/a$ を単位に表すと，(2-12) 式は $k=0, 1, 2\ldots n$ の場合に高さ N^2 のピークをつくります．これらの大きなピークの足下には小さなサブピークが左右対称に現れ，大きな主ピークに最も近いものは $3\pi/Na$, 次のものは $5\pi/Na$ だけ

$$L(k)=(1-\exp(-iNka))/(1-\exp(-ika))$$

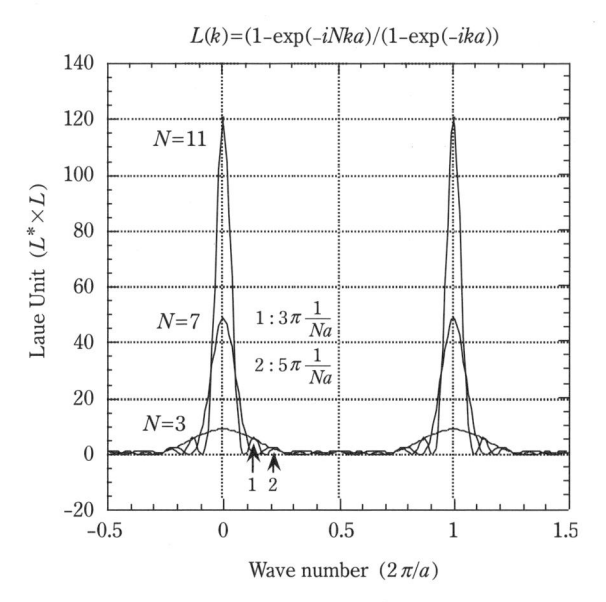

図 2-18　1 次元格子の Laue 関数の寄与による散乱強度

離れた所にあります．主ピークの半値幅 (FWHM) はおよそ $2\pi/Na$ です．N が増加するに連れてこれらの主ピークは鋭くそそり立つことになり，足下の小さなサブピークは逆に目立たなくなります．1 次元構造の場合はこのように単純ですが，3 次元構造の場合は計算に工夫が必要になります．(2-10) 式に戻って，もう 1 度考えます．ラウエ関数は 3 次元構造の場合も次のように書けます．

$$L(\boldsymbol{k}) = \sum_{i=1}^{N}\exp[-i\boldsymbol{k}\cdot\boldsymbol{r}_i] \tag{2-13}$$

直交した 3 本の基本ベクトルを持つ系では基本ベクトルと逆格子の基本ベクトルの方向が完全に一致しているので，波数を 3 つの基本ベクトル方向の成分，k_x, k_y, k_z, に分けておけば，$\boldsymbol{r}_i$ の x, y, z 成分は元々基本ベクトル，$\boldsymbol{a}, \boldsymbol{b}, \boldsymbol{c}$, の整数倍であり，$\boldsymbol{k}\cdot\boldsymbol{r}_i = lk_x a + mk_y b + nk_z c$ と書けます．l, m, n は整数です．従って，(2-13) 式は x, y, z 方向ごとに別々に累加が実行できるので，

$$L(\boldsymbol{k}) = \sum_{l=1}^{N_x}\exp[-ik_x\cdot la]\sum_{m=1}^{N_y}\exp[-ik_y\cdot mb]\sum_{n=1}^{N_z}\exp[-ik_z\cdot nc] \tag{2-14}$$

$$L^*(\boldsymbol{k})L(\boldsymbol{k}) = \frac{\sin^2(N_x k_x a/2)}{\sin^2(k_x a/2)} \cdot \frac{\sin^2(N_y k_y b/2)}{\sin^2(k_y b/2)} \cdot \frac{\sin^2(N_z k_z c/2)}{\sin^2(k_z c/2)} \quad (2\text{-}15)$$

従って，1次元格子の場合と同様に，k_x, k_y, k_z が，それぞれ $\frac{2\pi}{a}, \frac{2\pi}{b}, \frac{2\pi}{c}$ の整数倍の時にピークが現れることが分かります．(2-15) 式はかけ算なので，3種類の周期が全て一致してピークをつくる時のみ $L^*(\boldsymbol{k})L(\boldsymbol{k})$ がピーク値 $N_x^2 \times N_y^2 \times N_z^2$ になります．N_x, N_y, N_z はそれぞれ結晶の中で基本格子がそれぞれの軸方向に何個あるかを示す定数です．

複雑な事情が起きるのは結晶軸が直交系でない場合です．その場合，x_i, y_i, z_i と k_x, k_y, k_z はそれぞれ直交系ではないので，一般的には (2-14) と (2-15) 式は成り立たちません．波数の成分を x, y および z 軸に平行な成分に分けると，(2-13) 式を計算する際に $k_y x_i, k_y z_i$ のような項が出てきてしまって (2-14) 式のような項の分離ができなくなります．しかし，散乱波の波数ベクトルを逆格子の基本ベクトル，$\boldsymbol{a}, \boldsymbol{b}, \boldsymbol{c}$ の和に分解すれば，基本ベクトルと波数ベクトルの直交性によって (2-14) 式のような変数分離ができます．まず散乱波の波数ベクトルを次のように書き下します．

$$\boldsymbol{k} = p\boldsymbol{a}^* + q\boldsymbol{b}^* + r\boldsymbol{c}^* \quad (2\text{-}16)$$

p, q, r は実数の変数です．$\boldsymbol{r}_j$ は基本格子の原点の座標なので基本ベクトルの整数倍です．

$$\boldsymbol{r}_j = l\boldsymbol{a} + m\boldsymbol{b} + n\boldsymbol{c} \quad (2\text{-}17)$$

l, m, n は整数です．従って，

$$\boldsymbol{k} \cdot \boldsymbol{r}_j = 2\pi (lp + mq + nr) \quad (2\text{-}18)$$

(2-18) 式を (2-13) 式に代入すれば，変数分離ができるので，(2-14) 式と (2-15) 式と同じものが得られます．この場合にはラウエ関数のピークは $p=h, q=k, r=l$ が成り立つ時に立ちあがります．ただし，h, k, l はいずれも整数です．このように，直交系ではない結晶系の場合も，波数ベクトルが逆格子ベクトルの整数和のときにだけ，$L^*(\boldsymbol{k})L(\boldsymbol{k})$ がピークを示します．

図 2-19 は 2 次元六方格子の $L^*(\boldsymbol{k})L(\boldsymbol{k})$ です．累加の上限値を左右の x 方向，斜め左方向の y 方向でそれぞれ $N_x=12, N_y=6$ としています．図面を見やすく

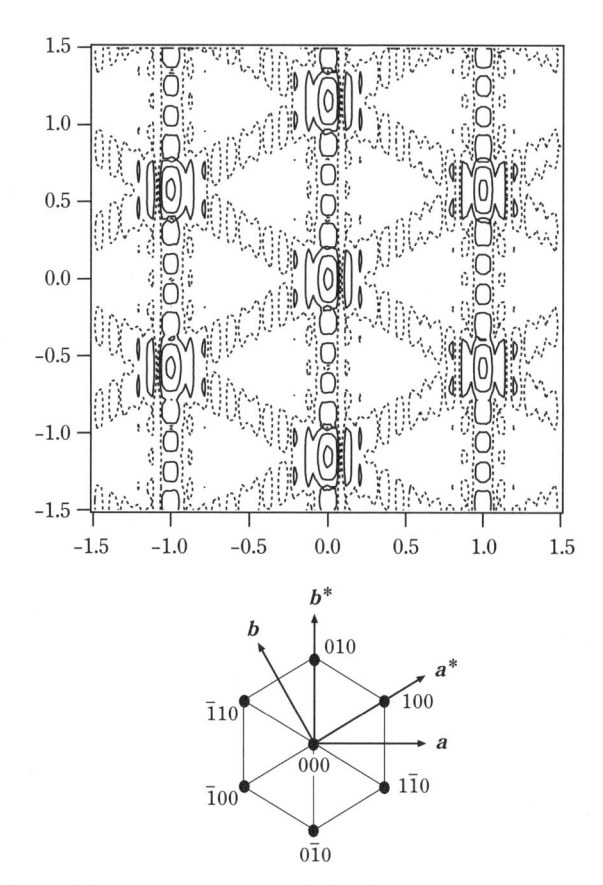

図 2-19 2次元六方格子の Laue 関数．等高線を見やすくするために，ピークの高さを対数表示した後に等高線を描いてあります．N_x, N_y はそれぞれ 12 と 6 にしてあります．

するために，$L^*(\boldsymbol{k})L(\boldsymbol{k})$ の対数に対する等高線図をつくってみました．中心が 000 点です．枠外の数値は波数の絶対値を $\dfrac{2\pi}{a}$ で割った値です．a は六方格子の格子定数です．主ピークとサブピークが分布しているのが分かります．左右方向では $N_x=12>6$ のため，$\boldsymbol{b}^*$ 方向等よりサブピークの高さが低くなっています．また，主ピークの半値幅 (FWHM) も狭くなります．

ラウエ関数は逆格子点が現れる原因であり，回折にあずかる結晶粒が小さいときには幅の広いピークを与え，結晶粒が十分に大きいと鋭いピークになります．また，ラウエ関数は h, k, l が整数の時には例外なくピークを与えますが，観測される逆格子点の強度はラウエ関数と構造因子，$F(k)$，との掛け算によって決まります．従って，ラウエ関数がピークを作っても構造因子が零なら消えることになります．一般的に，散乱強度は次式で与えられます．

$$I(k) = A^*(k)A(k) = L^*(k)L(k) \cdot F^*(k)F(k) \qquad (2\text{-}19)$$

$L^*(k)L(k)$ は回折強度の尺度に使われます．観測された回折強度をこの尺度で規格化することにより（回折強度がラウエ単位 (Laue unit) 表示になり）絶対値の評価ができます．また回折ピークの半値幅にはラウエ関数の広がりが現れるので回折にあずかる結晶の大きさを評価することができます．

問題 6

1. 直交座標系の 2 次元格子，$a=2\,\text{nm}$，$b=3\,\text{nm}$，として，図 2-19 のような Laue 関数の 2 次元的な分布図をつくりなさい．a 軸方向の基本格子の数を 12 とし，b 軸方向の数を 6 とせよ．
2. Laue 関数の広がりによる逆格子点の広がりの原因は回折に寄与する基本格子の数であることは理解できたが，他にも逆格子が広がる原因がありそうである．可能性のある原因を示しなさい．

2.10 回折現象と逆格子

入射波が結晶で散乱されて回折波が作られますが，回折波の波長と入射波の波長が全く変わらない場合に，弾性散乱波の回折が起きたと解釈できます．一方，散乱された波の波長が入射した波の波長と違っている場合は非弾性散乱が起きているのです．非弾性散乱波の回折強度は X 線の散乱実験では大変小さいのですが，熱中性子線の散乱では比較的大きく，フォノンやマグノンの分散関係（波数とエネルギー固有値の関係）の研究に役立っています．

弾性散乱波の回折では指数 hkl の逆格子点の回折強度を測定するにはまず，

第2章 結晶学入門

ブラッグ回折条件，$\lambda = 2d_{hkl} \sin\theta_{hkl}$ または $2|\boldsymbol{k}_i|\sin\theta_{hkl} = |\boldsymbol{G}_{hkl}|$ を満たす散乱角 $2\theta_{hkl}$ を計算します．次にその角度に回折強度測定器をセットし，結晶試料を適切に回転します．

図 2-20(a)(b) は仮想的な結晶の $\boldsymbol{a}^*\boldsymbol{b}^*$ 面の逆格子の配列と入射波，$\boldsymbol{k}_i$，と回折波，$\boldsymbol{k}_f$，を示しています．(a) と (b) はそれぞれ 020 点と 220 点の回折条件を示したものです．

入射波，$\boldsymbol{k}_i$ の終点は常に 000 点にあり，回折波，$\boldsymbol{k}_f$，の終点は 020 ないし 220 点にあります．入射波の波長と回折波の波長は等しいので，それぞれの波数ベクトル，$\boldsymbol{k}_i$ と $\boldsymbol{k}_f$ の大きさは等しくなっています．2 つのベクトルの間の角が

(a) 020 点の回折条件　　　　　(b) 220 点の回折条件

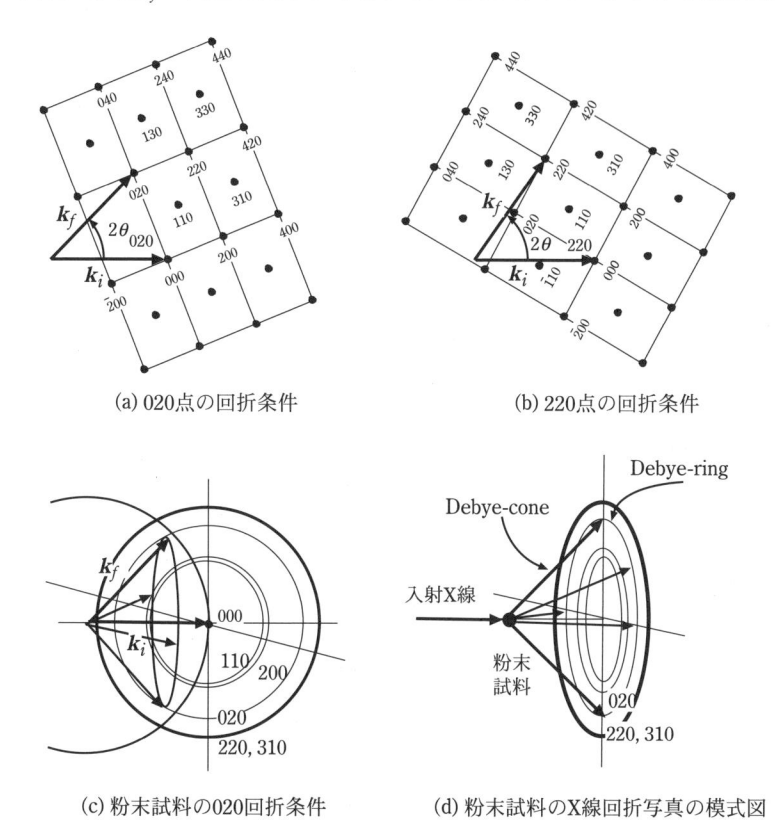

(c) 粉末試料の 020 回折条件　　(d) 粉末試料の X 線回折写真の模式図

図 2-20 逆格子と回折条件，(a), (b) 単結晶の場合，(c), (d) 粉末の場合

それぞれの回折角, $2\theta_{020}$, と, $2\theta_{220}$ になっています.

単結晶試料の場合, それぞれの逆格子点の回折強度を測定するには結晶をその都度3次元的に回転して回折条件を満足するようにします. 一方, 粉末試料の場合, 粉末試料の結晶方位は全立体角で平均化されるので, 逆格子点は000点を中心とする逆格子の球を作ります. 図2-20(c)にその様子を示します. 図には粉末試料の020回折の回折条件を示しています. この回折を起こす逆格子球には020, 0$\bar{2}$0の2つの逆格子点が含まれており, 他の逆格子球にはそれぞれ同じ長さの逆格子ベクトル, G_{hkl}, をもった逆格子点が含まれています. 場合によってはほ同じ長さの別種類の逆格子点による球も重なる場合があります. 図示した場合には220点がつくる球とと310点がつくる球はほぼ重なっています. 粉末試料の場合, 入射波, k_iは相変わらず000点を終点としていますが, 回折条件が上記の逆格子球のどこでも成り立つゆえ, 回折波, k_fは図(c)に示すように斜面の長さが $|k_f|$ で頂角が $4\theta_{hkl}$ の円錐の上のどこにあっても良くなります. この円錐をデバイの円錐, Debye-cone, と呼びます. 図(c)の左側の球面が000点を中心とする多数の逆格子球を切り取る円環がそのDebye-coneの終点になっています. 図の左側の球面の半径は $|k_i|$ です.

実際の粉末試料による回折実験の様子を図(d)に示します. 波長, λ の入射波の中に置かれた粉末試料から, それぞれの逆格子球による回折波が回折角, $2\theta_{hkl}$, を満足するように円錐状に試料から出てゆきます. その結果, 右側のフィルム上には円環状の回折強度が記録されることになります. このような円環状の回折線をデバイ環, Debye-ring, と呼んでいます. 通常の実験では図(d)のような平板状のフィルムを使わず, 回折角を正確に測定するために円環状のフィルムカセットに入れたフィルム(最近はイメージングプレート)にデバイ環の強度を記録しています.

2.11 Ewald(エワルト)球と限界球

波長, λ の入射線が結晶面で回折される現象を波数ベクトル, k_i, の入射波が逆格子点 hkl で回折されてk_fの回折波として結晶から出射されます. 図

2-20 に示したように，k_f の終点が逆格子点に一致した時に回折が起きます．この図の (c) に示したような，$|k_i| = |k_f|$，の半径を持った球を考えることにします．この球面の一ヵ所は常に逆格子の中心点である 000 点と重なっています．単結晶の回折条件とはこの球の面がどこかの逆格子点と重なる場合です．図 2-21 にその状況を示します．

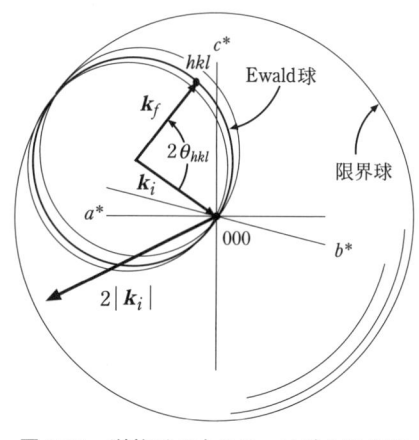

図 2-21 逆格子の中の Ewald 球と限界球

この球を Ewald 球ないしは Ewald-sphere と呼びます．結晶が回転されて回折条件が満足された時には，この Ewald-sphere が逆格子の中を 000 逆格子点を中心として，ある角度回転してその球面上に逆格子点を捕らえています．Ewald-sphere が逆格子の中を回転することで，000 点を中心とした半径 $2|k_i|$ の球の中の逆格子点はいつかは Ewald-sphere の球面と重なる時があります．つまり，この領域の逆格子点を観測することが可能です．しかし，その領域の外の逆格子点の回折強度は絶対に観測することはできません．$|k_i|$ を大きくすれば回折強度を観測できる逆格子点の数が増え，小さくすると減少します．図 2-21 の中の大きな球が半径 $2|k_i|$ の球であり，回折の限界を示すものなので，限界球，limiting-sphere，と呼ばれています．単結晶試料をある結晶軸を中心に回転させながら回折強度をフィルムに記録するという回折強度測定法があります．その場合には Ewald-sphere が，000 点を通り，その結晶軸に平行な軸を中心に回転するために回折強度が次々に観測されることになります．

2.12 らせん軸と映進

　結晶点群に固有な対称操作を 2.6 節に示しましたが，実際の結晶には「らせん軸」(screw axis) と「映進」(glide) という操作が許されています．磁性結晶にはさらに「スピン反転」(spin flip) という操作があり，3 次元以上の系 (変調構造や準結晶) には「位相移動」(phase shift) 操作もあります．ここでは「らせん軸」と「映進」について述べます．

　「らせん軸」の働きを理解するには遺伝子分子 DNA の模型を思い出してもらうと良いと思います．通常，結晶と呼んでいるものには 2 回から 6 回までのらせん軸による操作が許されます．らせん軸により，軸を中心に基本格子が n 回回転 ($2\pi/n$ ラジアンの回転) するたびに回転軸に沿って a/n だけ (a は軸長) だけ原子位置が軸に沿って並進します．従って，らせん軸とは回転操作と並進操作を同時に行う操作だと理解できます．ただし，ここで言う並進とは回転軸に沿った特殊なものです．回転は右ねじの方向を正方向としています．らせん軸の記号は n_m と書き，$2_1, 3_1, 3_2, 4_1, 4_2, 4_3, 6_1, 6_2, 6_3, 6_4, 6_5$ の 11 種類のらせん軸があります．

　「映進」操作は鏡映と並進を同時に行うものであり，次の 4 種類があります．

1. 「軸映進」(axial glide)：鏡映と同時に主軸長の半分の並進を行う，
2. 「二重映進」(double glide)：2 軸方向に同時に軸映進する，
3. 「対角映進」(diagonal glide)：鏡映と 2 軸の対角線方向への対角線の半分の並進，
4. 「ダイアモンド映進」(diamond glide)：2 枚の鏡映面 ($z=1/8, 3/8$) と対角線方向の 2 種類の並進 ($a/4+b/4, -a/4+b/4$)．

軸映進には 3 つの軸方向へのものがあるので，それぞれ，a-映進，b-映進および c-映進 (a-glide, b-glide, c-glide) という区別をしています．二重映進は最近定義されたもので，e-映進 (e-glide) という名称が与えられています．対角映進には軸の取り方による名称の区別はなく，n-映進 (n-glide) と呼びます．ダイアモンド映進は d-映進 (d-glide) です．

　映進面には (100) 型と (110) 型の面が許されるので，面指数の型が違うと並

第 2 章 結晶学入門

進ベクトルも違ってきます．また，六方晶と六方晶の基本格子 (Rhombohedral axes) を採用した菱面体の場合だけ (120) 面も映進面になります．次に，これらの対称操作の記号と並進量を示します．

図 2-22 の左側に 4_1 らせん軸による原子の移動を示しました．他のらせん軸でも同様の図面を描くことができます．同図の右半分に映進操作による原子の移動を示しました．図面には「軸映進」，「対角映進」および「ダイアモンド映進」を示しました．「二重映進」とは 2 つの方向に対する「軸映進」により 1 つの原子が 2 つの原子と同位するものです．図には (001) 面を映進面とした場合と (110) 面を映進面とした場合の対角映進操作を示しました．ダイアモンド映進は特別であり，必ず 2 枚の映進面 ($z=1/8, 3/8$) と 2 種類の並進ベクトル ($a/4+b/4, -a/4+b/4$) が定義されるので，記号上もそのようになっています．

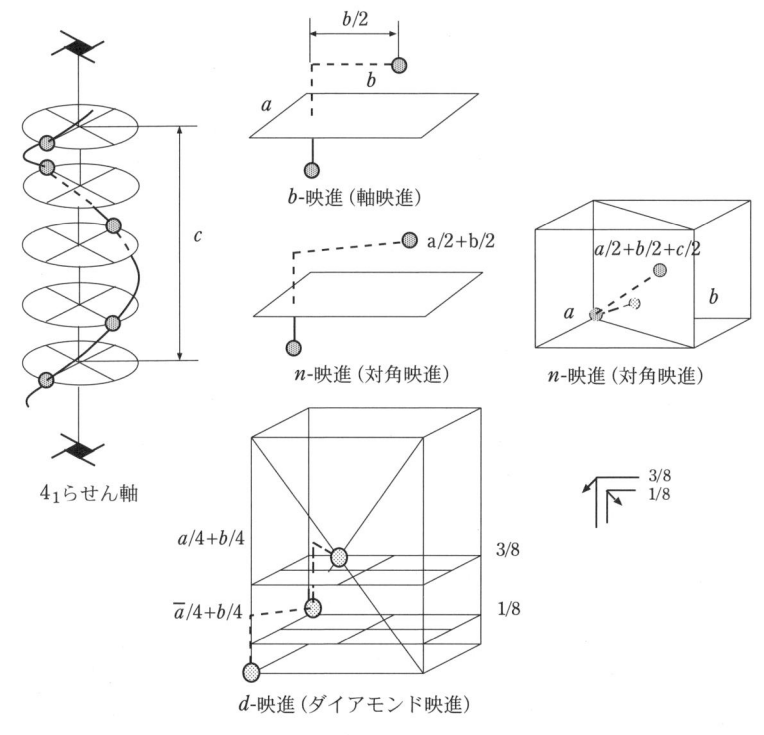

図 2-22 らせん軸と映進による原子の移動

記号上の標記	名称	図面上の記号	軸に平行な並進量
2_1	2回らせん軸		1/2
3_1	3回らせん軸		1/3
3_2	〃		2/3
4_1	4回らせん軸		1/4
4_2	〃		1/2
4_3	〃		3/4
6_1	6回らせん軸		1/6
6_2	〃		1/3
6_3	〃		1/2
6_4	〃		2/3
6_5	〃		5/6

		面に平行方向	面直方向
a, b または c	軸映進面	------- (左右並進) .... (面直並進)	
e	二重映進面		
n	対角映進面		
d	ダイアモンド映進面		

らせん軸と映進は逆格子点に特別な生成と消滅の法則性をもたらします．らせん軸は前出の $h00$, $h\bar{h}0$, $0k0$, $00l$ など 000 点を含む逆格子点列に特別な生成・消滅の法則性 (serial reflection condition) をもたらすことになります．映進操作は $hk0$, $h0l$, $0kl$, hhl など，同じく 000 点を含む逆格子面内の点に特別な生成・消滅の法則性 (zonal reflection condition) をもたらします．

らせん軸と映進の各対称操作を示す記号を上に示しました．

らせん軸の場合，c 軸と平行にらせん軸があるとすると，$00l$ 型の逆格子点列に $l=2n$, $l=3n$, $l=4n$, $l=6n$ （ただし，n は整数），の条件に合う点だけが残り，他は消えます．これらの法則性のどれが現れるかはらせん軸の回転とは直接関

係はなく，$2\pi/n$ 回転後の並進量 $c/2$, $c/3$, $c/4$, $c/6$ によります．例えば，$l=3n$ の点だけが観測されたとすれば，並進量は $c/3$ であり，3_1, 3_2, 6_2, 6_4 のいずれかのらせん軸が c 軸と平行にあることになります．

映進面の例を示します．$hk0$ 型の逆格子点のつくる面に $h=2n$, $k=2n$, $h+k=2n$ ないしは $h+k=4n$（しかも h, k ともに偶数）のうちのどれかの法則性が現れ，$l\neq 0$ の場合にはそれらが現れていないとすれば，これらの法則性はそれぞれ a-glide, b-glide, n-glide ないしは d-glide の操作があることになります．$h+k=4n$ の法則性が見えますが，それ以外にも 240 反射のような h, k 共に偶数の反射も観測される場合は e-glide です．hhl 型の逆格子点には $l=2n$ または $2h+l=4n$ の法則性が現れる可能性があります．前者は $c/2$ 並進を伴う c-glide ないしは n-glide，後者は d-glide によります．$0kl$ ないしは $k0l$ あるいは hkh, hkk 等の逆格子点の生成・消滅則と鏡映面や並進ベクトルは上記の説明を座標変換した座標系で考えれば分かるので説明を省略します．

2.13 空間群

らせん軸と映進操作を加えることで 3 次元結晶の対称操作が全て出そろったことになります．これらの対称操作の組み合わせには 230 種類あることが証明されています．この 230 種類の空間対称性に「空間群」(space group) という名称が与えられています．これらは前出の「点群」(point group) と同様に数学的な意味の群ではありません．空間群にはそれぞれ固有の名称と通し番号が 1 番から 230 番まで決まっています．固有の名称には主に国際記号と Schönflies 記号が使われます（本節では習慣上空間群記号を斜体［イタリック］で書いていますが，立体で書いても間違いではありません）．

例えば，92 番の空間群は正方晶でブラベファミリーは P です．この結晶の c 軸に平行に 4_1 軸があります．a, b および c 軸それぞれに平行に 2_1 軸もあります．さらに [110] と [1$\bar{1}$0] 方向に 2 回転軸があります．この群の国際記号は $P4_12_12$ (No.92) になります．Schönflies 記号は D_4^4 です．国際記号は先頭にブラベファミリーを記し，つぎに代表的な対称操作を最高 4 種類まで書き並べるよ

うになっています.Schönflies 記号はこの空間群の属する点群の Schönflies 記号, D_4, の肩に通し番号の 4 番を付した形になっています. 国際記号の $P4_12_12$ は考案者に因んで Hermann-Mauguin 記号とも言われます. 国際記号はかなり完備されたものであり, 個々の空間群の対称操作の概要を示しているものの全てを網羅したものではないので, 実際の結晶構造解析においては注意が必要です.

空間群についての辞書のような文献に "International Tables for Crystallography vol.A (2007, 2015 版が発刊予定)" があります[1]. これは 230 種の空間群における原子の配列について述べており, 結晶構造解析に不可欠なものです. この文献はイギリスに本部のある "The International Union of Crystallography" が直接出版するものです. 実際の結晶の例を示しながらこの文献に記載されている内容を紹介します.

超伝導酸化物の結晶構造

超伝導酸化物の典型物質である $La_{2-x}Sr_xCuO_4$ ($x=0.15$) は約 35 K で超伝導転移を起こしますが, 室温では正方晶であり, 属する空間群は $I4/mmm$ (No.139) です. 格子定数は $a=b=0.377$ nm, $c=1.322$ nm です. この結晶はペロブスカイト構造の仲間の K_2NiF_4 構造であり, 図 2-23 のような原子配置を持っています. この結晶のブラベファミリーは I(体心格子) なので, $\frac{1}{2}\boldsymbol{a}+\frac{1}{2}\boldsymbol{b}+\frac{1}{2}\boldsymbol{c}$ の付加的な並進ベクトルがあります. このため観測される逆格子には $h+k+l=2n$ (ただし n は整数), という規則性が期待されます.

ここで上記の "International Tables for Crystallography" の記載を確かめます.

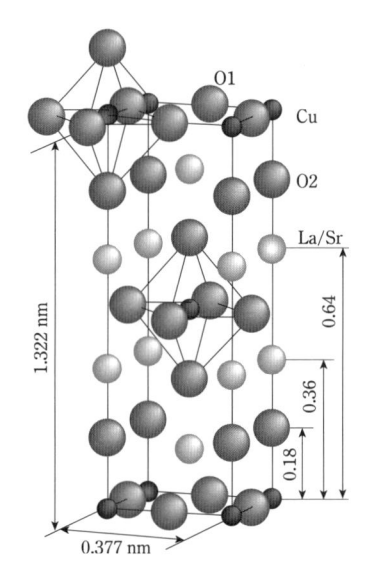

図 2-23 超伝導体 $La_{1.85}Sr_{0.15}CuO_4$ の結晶構造

第 2 章 結晶学入門

空間群 $I4/mmm$ (No.139) の頁を開くと図 2-24 と表 2-5 が現れます．実際のものにはもっと沢山の情報が書き込まれています．図 2-24 が結晶の対称操作を模式的に示したものです．この結晶には 4_2 らせん軸が c 軸に平行にあり，2_1 らせん軸が a 軸と b 軸に平行にあることから，$h00, 0k0, 00l$ 型の逆格子点列には，それぞれ $h=2n, k=2n, l=2n$ の法則性があります．また a, b, c 軸にそれぞれ垂直に対角映進面があるので，$hk0, h0l, 0kl$ 型の逆格子面にはそれぞれ $h+k=2n, h+l=2n, k+l=2n$ の法則性があります．図 2-24 はこの空間群に許された対称操作を c 軸方向から眺めたものです．図中の太線は鏡映面を示し，輪郭の部分にも鏡映面があります．この結晶は対称性が高いので至るところに反転中心（白丸）があります．4 回回転軸と 4_2 らせん軸には $z=0$ の所に反転中心があり，2_1 らせん軸の $z=\frac{1}{4}$ の所に反転中心があります．その点では a, b 2 本の軸と平行な 2 本の 2_1 らせん軸が直角に交叉しています．

この空間群の結晶では原子（イオン）の座標として a から o まで 15 種類のも

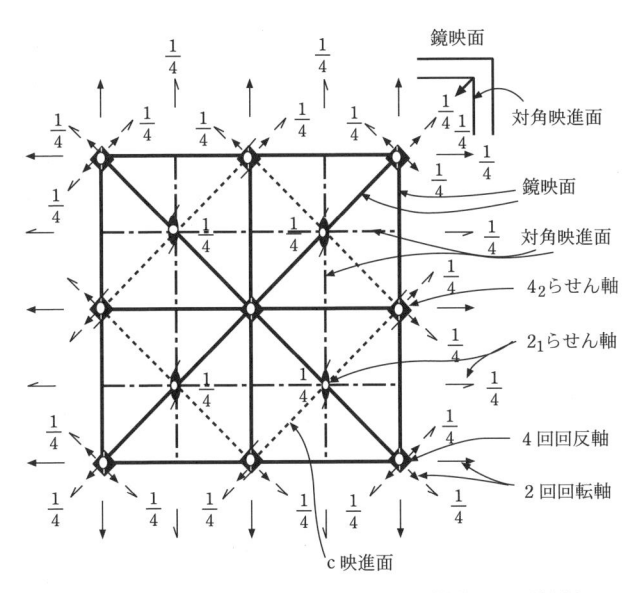

図 2-24 139 番の空間群に許された対称操作の c 面投影図

表 2-5 空間群 $I4/mmm$(No.139) の結晶中の原子の座標と消滅則等

Positions Multiplicity, Wyskoff letter, Site symmetry	Coordinates (座標) $(0, 0, 0)+ \left(\frac{1}{2}, \frac{1}{2}, \frac{1}{2}\right)+$ (付加的並進ベクトル)	Reflection conditions (回折条件，消滅則)
32　o　1	(1) x, y, z (2) $\bar{x}, \bar{y}, z$ (3) $\bar{y}, x, z$ (4) $y, \bar{x}, z$ (5) $\bar{x}, y, \bar{z}$ (6) $x, \bar{y}, \bar{z}$ (7) $y, x, \bar{z}$ (8) $\bar{y}, \bar{x}, \bar{z}$ (9) $\bar{x}, \bar{y}, \bar{z}$ (10) $x, y, \bar{z}$ (11) $y, \bar{x}, \bar{z}$ (12) $\bar{y}, x, \bar{z}$ (13) $x, \bar{y}, z$ (14) $\bar{x}, y, z$ (15) $\bar{y}, \bar{x}, z$ (16) y, x, z	General: $hkl: h+k+l=2n$ $hk0: h+k=2n$ $0kl: k+l=2n$ $hhl: l=2n$ $00l: l=2n$ $h00: h=2n$
---	-----	---
4　e　4mm	$0, 0, z$　$0, 0, \bar{z}$	no extra conditions
4　d　$4m2$	$0, \frac{1}{2}, \frac{1}{4}$　$\frac{1}{2}, 0, \frac{1}{4}$	$hkl: l=2n$
4　c　mmm	$0, \frac{1}{2}, 0$　$\frac{1}{2}, 0, 0$	$hkl: l=2n$
2　b　$4/mmm$	$0, 0, \frac{1}{2}$	no extra conditions
2　a　$4/mmm$	$0, 0, 0$	no extra conditions

のがあります．表 2-5 の座標が基本格子中の原子座標です．x, y, z 等の変数表示になっているものには結晶固有の値が回折強度分布から計算されます．座標の欄の中に付加的な並進ベクトルとして，$(0, 0, 0)$ と $\left(\frac{1}{2}, \frac{1}{2}, \frac{1}{2}\right)$ が与えられています．これはこの空間群のブラベファミリーが I であることによります．それぞれの原子座標にはこれら 2 つの並進ベクトルを加えることになっています．例えば，$(0, 0, 0)$ 位置には $2a$ という表示がありますが，実際に，$(0, 0, 0)$ と $\left(\frac{1}{2}, \frac{1}{2}, \frac{1}{2}\right)$ の 2 つの位置を意味しています．$4e$ の表示のある，$(0, 0, z)$ $(0, 0, \bar{z})$

位置はこれらの他に $\left(\frac{1}{2}, \frac{1}{2}, z+\frac{1}{2}\right)$ と $\left(\frac{1}{2}, \frac{1}{2}, \bar{z}+\frac{1}{2}\right)$ を加えた4つの原子位置を意味しています．つまり，原子座標 a から o までの記号の前についている数字は等価な原子座標の数（多重度：multiplicity）を示しています．英文字，a-o，を命名者にちなんで"Wyskoff letter（ワイコフ記号）"と呼びます．o 位置と他の位置では表示が随分違います．o 位置は 32 の等価位置を持ちますが，原子座標が (x, y, z) から始まっており，全て変数です．このような原子位置を"一般位置"(general position) と呼び，230 種類のどの空間群にも必ずひとつあります．一般位置以外の原子位置では座標の一部に 0 や $\frac{1}{2}$ のような具体的な数字か，あるいは (x, x, x) のような制限事項が与えられています．これらの原子位置を"特殊位置"(special position) と呼んでいます．a から o までの英字（ワイコフ記号）はどの空間群にも現れる訳ではありません．各空間群の特殊位置の中で最も多重度 (multiplicity) の低いものから a, b, c 順に命名し，最後のものが一般位置になります．

　一般位置の各座標の前には (1) から (16) までの番号がついています．これらの番号はこの空間群に許された対称操作にそれぞれ対応したもので，対称操作の結果，(x, y, z) 位置の原子がどこに移動するのかを示しています．例えば，(9) 番の操作は座標 (0, 0, 0) にある反転中心による対称操作を意味し，(x, y, z) 位置が $(\bar{x}, \bar{y}, \bar{z})$ に変わります．(4) 番の操作は 4 回回転軸による操作，(10) 番の操作は (001) 面による鏡映操作を意味しています．

　表の右の欄は回折条件（消滅則）を示します．この空間群に一般的に成り立つ回折条件が一般位置の座標 (x, y, z)，の右側に書かれます．これらの現れる原因はすでに述べた通りです．c や d 位置の右側には $hkl: l=2n$ と言う表記があります．これは c ないし d の位置だけに原子が配置すると，General の欄に書かれた回折条件が成り立っても，$l=2n$ ではないものは消えることを意味しています．例えば，523 反射は一般的な回折条件に基づけば現れるはずですが，c ないし d 位置だけに原子が配置すると消えます．

　表の左側のワイコフ記号の次にある 4/mmm などの記号はこの原子位置周囲

の原子配置の(点)対称性を示しています．結晶解析の結果，結晶学的な特徴は次のように表現されます[2]．

$La_{1.85}Sr_{0.15}CuO_4$ の属する空間群，$I4/mmm$ (No.139)
格子定数：$a=b=0.377$ nm　$c=1.322$ nm

原子種	位置 (site)	座標	温度因子 (B)	席占有率
La/Sr	4e	0　0　0.3606(5)	0.12(16)	0.925/0.075
Cu	2a	0　0　0	0.54(16)	1.0
O1	4c	0　1/2　0	0.67(18)	1.0
O2	4e	0　0　0.1826(6)	1.16(26)	1.0

上の表のように，原子の座標を報告するときには等価な位置の最初のものを書くことになっています．なお，原子位置の名称にはワイコフ記号の他に多重度も加えて，4e-site，のように表現します．温度因子は各原子の平衡位置の熱振動揺らぎの標準偏差，$\overline{u}^2$，に 8π を乗じたものです．空間群が分かり，原子の座標が上記のように与えられると，"International Tables for Crystallography" を見ることで等価な原子座標が全て分かります．それに従って構造因子，$F(k)$，を計算することになります．

座標や温度因子の欄の数字に( )で書いたものは誤差を示しており，0.3606(5) = 0.3606±0.0005 と言う意味です．構造因子は(2-10)式の右辺第2項で与えられるので，

$$F(k) = \sum_{j=1}^{n} f_j(k) \exp(-i\bm{k}\bm{r}_j) \tag{2-20}$$

基本格子中の各原子位置を書き下すと，

原子種	座標 (r_j)
La/Sr	0　0　0.3606,　　0　0　−0.3606 1/2　1/2　0.8606,　1/2　1/2　0.1394
Cu	0　0　0,　　1/2　1/2　1/2
O1	0　1/2　0,　　1/2　0　0 1/2　1　1/2,　1　1/2　1/2
O2	0　0　0.1826,　　0　0　−0.1826 1/2　1/2　0.6826,　1/2　1/2　0.3174

各逆格子点の波数は逆格子ベクトル，$\bm{a}^*, \bm{b}^*, \bm{c}^*$ それぞれの h, k, l 倍です．従っ

て，(2-20) 式にこれらの r_j を代入すれば構造因子を計算できます．その際，原子散乱因子，$f_j(k)$ は適切に与えられる必要があります．上の表を実際に (2-20) 式に代入して構造因子を求めても間違いではないのですが，計算がやっかいで見通しがつきにくいので少し工夫をします．それには次の2つの事実に注目します．

1. 与えられた結晶の空間群に中心対称性があると，構造因子の位相項は実数になること．
2. 付加並進ベクトルによって増加した原子は並進ベクトルが作る位相項として構造因子の計算に取り入れればよいこと．

位相項とは $\exp(-i\boldsymbol{k}\boldsymbol{r}_j)$ の項です．中心対称性があれば，必ず $\exp(-i\boldsymbol{k}\boldsymbol{r}_j)$ 項と $\exp(i\boldsymbol{k}\boldsymbol{r}_j)$ 項とが対になって現れるので，虚数部分は消えます．一方，付加並進ベクトルは逆格子の生成消滅の法則性を決めていますが，消滅しない（現れる）逆格子点の構造因子には実数の係数として寄与するに過ぎません．付加並進ベクトルが1つあると，基本格子中の原子の数が自動的に2倍になるので，係数は2であり，fcc 格子のように付加並進ベクトルが3つあると4倍になるので，係数は4です．

$La_{1.85}Sr_{0.15}CuO_4$ の場合，係数は2であり，構造因子は次式のようになります．

$$F(k) = 2\left[2 f_{La/Sr}(k)\cos(2\pi l \times 0.3606)\right.$$
$$+ f_{Cu}(k) + f_{O1}(k)[\cos\pi h + \cos\pi k]$$
$$\left. + 2 f_{O2}(k)\cos(2\pi l \times 0.1826)\right]$$

ただし，$h+k+l=2n$ の条件が成立する場合に限ります．それ以外の場合は，$F(k)=0$，です．形式上 f_{O1} と f_{O2} を区別して書いたのですが，同じ酸素原子の散乱因子なので $f_{O1}=f_{O2}$ です．

中心対称性のない結晶の場合，位相項には虚数成分が残るので，慎重な計算が必要になります．特に，試料の吸収係数が異常に大きくなるような波長のX線（吸収端近傍の波長のX線）を用いる場合には原子散乱因子に2次異常分散項，$-i\Delta f''$ の寄与が大きくなり，これが位相項の虚数成分等と絡まるので，回折強度に予想外の変化が現れます．

問題7

1. 上記の銅酸化物超伝導体，$La_{1.85}Sr_{0.15}CuO_4$ の結晶学パラメータから次のイオン対の間の最隣接距離と第2隣接距離を計算せよ．Cu-O1, Cu-O2, La(Sr)-O1, La(Sr)-O2．
2. 上記の銅酸化物の逆格子を指数を付した上，模式的に描け．
3. TiO_2 は紫外線を良く吸収する粉だが，次のような結晶学パラメータを持つ正方晶である．
   $a = 0.45929$ nm, $c = 0.29591$ nm, space group $P4_2mnm$ (No.136), Ti^{4+}: 2a(000), O^{2-}: 4f(xx0) x = 0.3056 この結晶の基本格子を模式的に描け．
   必要なら各空間群について説明された'International Tables for Crystallography Vol.A'を参照せよ．この結晶は八面体の形をした TiO_6 という部分構造が3次元的に繋がったものと考えることができる．基本格子の中に TiO_6 の作る八面体を描け．
4. 上記 TiO_2 における次のイオンの間の最隣接距離と第2隣接距離を計算せよ．Ti−O, Ti−Ti, O−O
5. 上記 TiO_2 の逆格子を指数を付した上，模式的に描け．
6. 上記 TiO_2 の構造因子を $|G|$ の小さい順に5つ求めよ．

【参考文献】

1) Th.Hahn, editor in chief : International Tables for Crystallography Vol. A, International union of Crystallography, The Wiley Sons, 2007, London.
2) T.Kajitani, T.Onozawa, Y.Yamaguchi, M.Hirabayashi, Y.Shono : Jpn.J.Appl.Phys. **26** (1987), L1877-L1880.

第 3 章　回折現象

3.1 原子による散乱

　回折現象は入射X線や中性子が個々の原子の周辺にある電子雲ないしは原子核によって散乱される過程と散乱された波の内位相のそろった成分が集まって回折波を形成する過程とから成っています．物質には有限の屈折率があるので，X線も中性子線も物質中では多少波長を変えますが，以下の議論ではとりあえず考えないことにします．散乱過程には1回の散乱で位相が180度遅れる「干渉性散乱」と，位相がまちまちになる「非干渉性散乱」とがあります．回折現象は前者によるものです．X線散乱の場合，散乱波の大部分が干渉性ですが，中性子の場合は干渉性散乱よりも非干渉性散乱の方が強い場合があります．

　干渉性散乱には波長の変化を伴わない「弾性散乱」と波長変化を伴う「非弾性散乱」があります．X線の散乱の場合，後に述べる吸収端近傍のX線が入射すると強い「非弾性散乱」（蛍光X線の放射を伴う入射X線の吸収）が起き，運動エネルギが1 eVよりも低い中性子の場合はphononやmagnonなどによる散乱のために0.01％程度の非弾性散乱が起きます．X線の散乱はX線が誘起する振動電場の放射によります．中性子の場合，散乱の原因は原子核の持つ「核力」(nuclear force)による「核散乱」と原子の磁気モーメントと中性子の核スピンとの相互作用による「磁気散乱」の2種類が同じ程度の散乱強度をもたらすので複雑です．

　特定の元素が試料中にあると強い吸収が起きることがあります．X線散乱の場合，X線のエネルギーが．丁度その元素の内核電子のバンド間遷移エネルギーにほぼ等しいと入射X線が遷移のエネルギー源として消費されるので散乱強度が低下します．X線吸収の原因にはこのほかにも，X線が原子に反跳 (recoil) されることによる効果 (Compton scattering, コンプトン散乱) があります．特

定の原子核には中性子に対する巨大な吸収能のあるものがあります．強い中性子の吸収は中性子と原子核の複合核との励起エネルギーと中性子の運動エネルギーが同じ程度の時に「共鳴吸収現象」として起きます．

3.2 トムソン散乱

X線の弾性散乱過程をトムソン散乱 (Thomson scattering) としており，入射X線が試料中に作る誘起電気双極子の振動による電磁波放射現象だと理解します．誘起される電気双極子の振動は原子に強く束縛された電子雲の振動によるものです．電子1個による散乱強度は次式で与えられます．

$$I_e = I_0 \frac{P r_e^2}{r^2} \tag{3-1}$$

ここで I_0 は入射波の強度，r は電子からの距離，P は偏光因子，r_e は下式で与えられる古典電子半径です．

$$r_e = \frac{\mu_0 e^2}{4\pi m} = 2.1818 \times 10^{-15} \text{m} \tag{3-2}$$

$m = 0.91095 \times 10^{-30}$ kg （電子の静止質量）

$\mu_0 = 4\pi \times 10^{-7}$ H/m （真空の透磁率）

$e = 1.6022 \times 10^{-19}$ C （電子の電荷）

偏光因子の P は $\sin^2 \chi$ と書くことができます．χ は電気双極子の振動方向と散乱波の為す角です．図3-1は散乱強度の χ 依存性を示しています．

入射X線が図のように上下方向に電気双極子振動を誘起し，紙面内に散乱波があると $\sin^2 \chi$ 項が現れることになりますが，回折測定では $2\theta = 90°-\chi$ なので $P = \cos^2 2\theta$ です．一方，散乱波を紙面と垂直の散乱面内で観測すれば，常に $\chi = 90°$ なので $P = 1$ です．入射X線が非偏光ならば，これらの平均の P を考えれば良いので，次式が成り立ちます．

$$P = 1/2\,(1 + \cos^2 2\theta) \tag{3-3}$$

この項が通常使われる偏光因子 (Polarization Factor) です．$P=1$ となるような散乱系で測定する場合を σ 偏光の散乱測定とし，$P = \cos^2 2\theta$ となる場合を

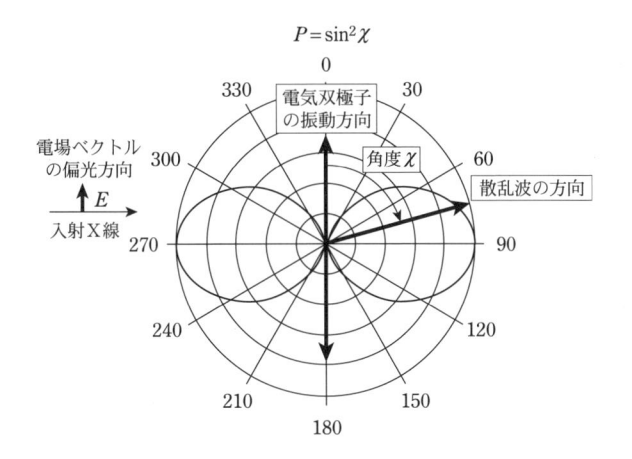

図 3-1 電気双極子の振動と偏光因子，P

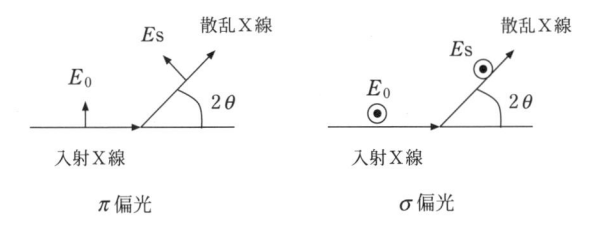

図 3-2 π偏光測定（左）とσ偏光測定（右）

π偏光の散乱測定と呼びます．この時の入射 X 線と散乱 X 線の電場の方向を図 3-2 に示しました．

従来，X 線管球を X 線源にした非偏光 X 線測定が行われてきたので，式 (3-3) を利用してきましたが，最近，強く偏光した軌道放射光 (Synchrotron Orbiter Radiation, SOR) を利用した実験が容易に実施できるようになったので，σ偏光条件でもπ偏光条件でも実験できます．通常はσ偏光条件で実験するのですが，特殊な目的のためにはπ偏光条件を選ぶ場合があります．

3.3 原子散乱因子

散乱強度は散乱中心の散乱能つまり散乱断面積に比例します．散乱中心から見て，単位立体角あたりの散乱強度，$I_e r^2 d\Omega$ を全立体角で積分すると全散乱強度，$I_0 \sigma_T$ になります．添え字は Thomson 散乱を意味しています．I_0 は入射波の強度，σ_T が散乱断面積です．r は積分を実行する球殻の半径です．式 (3-1) から，

$$I_0 \sigma_T = \int_S I_0 P r_e^2 d\Omega \tag{3-4}$$

P には式 (3-3) を代入します．従って，$\sigma_T = \frac{8}{3}\pi r_e^2$ が得られます．この値が電子1個の散乱断面積です．静止している電子にX線が衝突して反跳 (recoil) することによる非弾性散乱 (Compton scattering) もありますが当面はこの強度も考えないことにします．

一団の電子雲，$\rho(r_j)$，によりX線が散乱されて干渉性散乱が起きたとすると各電子からの散乱波には位相差．$\boldsymbol{s}\cdot\boldsymbol{r}_j$ があるので電子雲による散乱はこれらの項の積分として次のように表すことができます．ただし，$\boldsymbol{s}$ は散乱波の波数ベクトルです．

$$f(s) = \int \rho(r_j) \exp i\boldsymbol{s}\cdot\boldsymbol{r}_j dr_j \tag{3-5}$$

式 (3-5) の積分は $\rho(r_j)$ の分布として適切だと思われる範囲で行います．各イオンによる散乱を考える時には各イオンに属する電子の分布関数，$\rho(r_j)$ を式 (3-5) に代入して $f(s)$ を求めます．この関数が原子散乱因子 (atomic scattering factor) ないしは原子形状因子 (atomic form factor) です．$f(s)$ は s の関数として与えられます[1]．$f(s)$ の表は通常 $|s|=\sin\theta/\lambda$ を単位として与えられています．この $f(s)$ の $s=0$ の成分は式 (3-5) から分かるように，散乱にあずかる全電子数なので，$f(0) = \sum_{j=1}^{z}\rho(r_j) = Z$ です．

電子密度分布，$\rho(r)$，は各原子に属する各電子の波動関数，$\psi_i(r)$, が分かれ

ば，$\rho(r) = \sum_{j=1}^{z} \psi_i^*(r)\psi_i(r)$ なので，解析的に求めることができます．$\psi_i(r)$ は Hartree-Fock の方法で求める場合 (HF)，相対論的 Hartree-Fock の方法で求める場合 (RHF)，および相対論的 Dirac-Slater の方法で求める場合 (DS) があります．電子を 40 個以上持つイオンでは相対論的 Dirac-Slater の方法で求めた波動関数を使って原子散乱因子を計算しています．

実際に原子散乱因子を回折強度の計算に使う場合は，表を用いるよりは $f(s)$ を適切な多項式で近似した関数を使うほうが便利であり，式 (3-6) が近似式として用いられます．

$$f(\sin\theta/\lambda) = \sum_{i=1}^{4} a_i \exp(-b_i \sin^2\theta/\lambda^2) + C \tag{3-6}$$

ただし，この式は $0 < \sin\theta/\lambda < 2.0$ Å^{-1} の範囲で実際の値と良い一致を示しますが，それ以上の波数領域では誤差が 0.03 程度あります．通常の X 線回折実験ではこの条件の範囲内なので，式 (3-6) の実用上の問題はありません．

図 3-3 はいくつかのイオンや中性原子の原子散乱因子の波数依存性，$f(s)$,

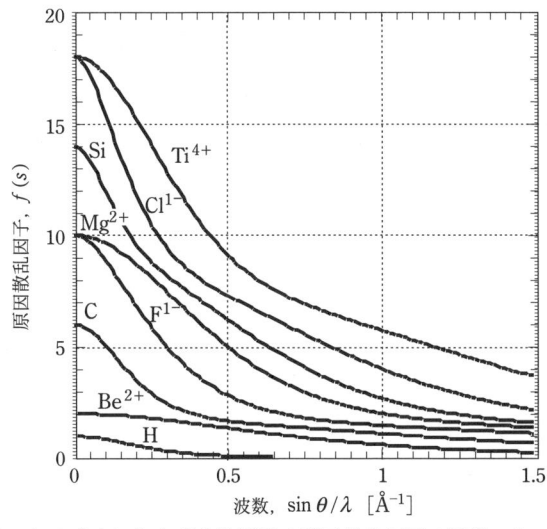

図 3-3　いくつかのイオンおよび中性原子の原子散乱因子の波数，$\sin\theta/\lambda$, 依存性

を示します．Ti^{4+} と Cl^{1-} は共に18個の電子を持っているので$f(0)$成分は18ですが，Ti^{4+} イオン周辺の電子雲が Cl^{1-} 周辺の電子雲よりも局在しているので，$f(s)$ は中間の波数では減少が少なくなります．Mg^{2+} も F^{1-} も共に電子数が10ですが同じ事情から$f(0)$は同じでも中間の波数では違う値を示しています．Cは$z=6$であり，$f(0)=6$，Be^{2+} は $z=2$ であり，$f(0)=2$ です．これらの曲線の計算には式(3-6)を用い，係数は表[2]から採っています．

水素のように$f(s)$が比較的低い波数で消えてしまうものでは水素の散乱強度が低角度の回折ピークにわずかな寄与をするだけになるので，X線による結晶構造解析によって水素の位置や濃度をきめることが困難です．原子散乱因子はイオンの価数に応じて変化します．しかも，上述の表には化学的な安定状態にある O^{2-} イオンのように表中に原子散乱因子がないことがあります．その場合にはZが等しいイオンの原子散乱因子を利用するか，O^{1-} イオンの原子散乱因子で代用します．イオンの価数が問題となるような精密構造解析では，原子散乱因子を中性のコアの因子$f_0(s)$と外殻電子(valence)の寄与，$f_v(s)$，に分けてそのイオン位置の電子状態を見いだすようにする場合もあります．

3.4 異常分散効果

表題の効果はX線源として金属ターゲット管球が用いられ，その金属と近い原子番号の試料についてX線回折実験をするときに大きな効果を示すので注意が必要になります．この効果は入射X線のエネルギーが試料の内核電子のバンド間遷移に消費される場合に顕著になります．この場合，X線の散乱強度は弱くなり位相も遅れます．現象的には異常な散乱を起こす元素の原子散乱因子に補正項，$\Delta f' + i\Delta f''$，が必要になります．従って，

$$f(s) = f_0(s) + \Delta f' + i\Delta f'' \tag{3-7}$$

$\Delta f'$ と $\Delta f''$ はそれぞれ1次と2次の異常分散項と呼ばれています．2次分散項は位相の遅れに相当しているので，常に負ですが，表[3]では正の値として与えられているので実際の計算では注意が必要です．

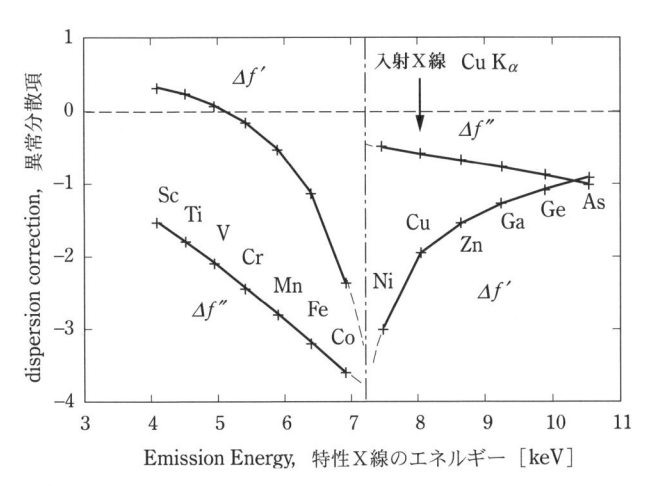

図 3-4 銅の K_α 線に対する異常分散項の原子番号依存性．図の横軸は各原子の特性X線（K_α線）のエネルギーを示す．

図 3-4 に銅の K_α 線を試料に入射した時の各原子の異常分散項を示しました．横軸には各原子の特性X線（K_α線）のエネルギーを示しています．特性X線については次節で述べますが，K_α線は電子の入射によって励起された内殻電子が $2p$ 状態から $1s$ 状態に遷移することに伴う電磁波の輻射であり，そのエネルギーは原子番号にほぼ正比例しています．この特性X線に対する異常分散効果は，内殻電子が最外殻の順位まで励起されるために起きます．特に異常分散効果に直接関わるのは最内殻にある主量子数 $n=1$ の電子の励起によります．それに必要なエネルギーはその元素の K_α 線のエネルギーよりも約 1 keV 高いので波長約 1.54 Å の銅の K_α 線を入射させた場合，Co に近い原子番号の元素に強い吸収が起き，異常分散項の絶対値が大きくなります．

図の中央の一点鎖線が最も強い吸収を示すことになる仮想的な原子の特性X線のエネルギーになります．この縦線の左右で異常分散項は1次項も2次項も不連続になっています．特に2次項はこの線の右側では小さな値ですが，左側では大きな絶対値を示します．この仮想的な元素は銅の K_α 線のエネルギーを「K 吸収端」としているために銅の K_α 線に対して大きな吸収係数を持つことになります．

問題 8

1. SOR 光は強く偏光しています．通常の bending magnet から取り出す X 線は水平面内に電場ベクトルを持っているが，Wiggler から取り出す X 線は垂直方向に電場ベクトルを持っている．それぞれの場合に適した粉末回折装置の概念図を描きなさい．
2. Fe^{2+}，Cu^{2+} および Ga^{3+} の原子散乱因子, $f(s)$, を $|s|<1.5$ の範囲で図示しなさい．
3. Fe の K_α 線を用いた時の各元素の $\Delta f'$ と $\Delta f''$ を調べて図 3-4 の中にプロットしなさい．
4. 管球を使って K_α 線を発生させようとすると，K_β 線が共に発生し，そのままでは回折強度に余分なブラッグ反射が出てしまう．じゃまな K_α 線が 8.904 keV と 8.976 keV のエネルギーを持つと仮定する．これをある金属の箔でできたフィルターで吸収すると K_α 線だけが得られる．この場合，どのような金属の箔を選ぶべきか図 3-4 を見て答えなさい．

3.5 中性子回折

中性子の散乱実験により結晶構造を解析することが，最近の装置的な発展と粉末回折図形の自動解析プログラムの発展によって身近なものになっています．運動エネルギーが 1 eV より低い中性子線を熱中性子線と呼びますが，これを結晶試料の回折実験ないしは分光実験に用いています．

1 個の原子による中性子の全散乱断面積, σ_t, は散乱断面積, σ_s, と吸収断面積, σ_a, との足し算であり，$\sigma_t = \sigma_s + \sigma_a$，と書くことができます．X 線散乱の場合は吸収断面積は大きくないのですが，中性子の場合，中性子と核との相互作用があるので，核種によって吸収の大きなものがあります．散乱断面積は原子種ごとに違いますが，同じ原子種でもアイソトープごとに違うので，注意が必要です．中性子の吸収は U（ウラニウム）のような中性子を吸収して (n, γ) 核反応を起こしてガンマ線を放出するタイプのものと原子核内の励起に共鳴するタイプ（共鳴吸収）のものがあります．後者の吸収によって事実上中性子

第3章 回折現象

回折ができない Cd（カドミウム）や Gd（ガドリニウム）も中性子の運動エネルギーを大きく変えれば中性子回折実験ができる場合があります．また，中性子回折実験ができなくなるような強い共鳴吸収が起きるのは特定の核種に限られているのでその核種の含まれない試料を作れば実験ができます．Cd の場合は巨大な吸収を起こす ^{113}Cd が自然界の Cd に 12.2% 含まれているので，これを取り除けば吸収は問題ありません．

3.5.1 散乱長, b_c

中性子による回折・散乱実験を行うには「干渉性散乱」が重要であり，それぞれの原子の核散乱長, b_c, と磁気散乱の形状因子, $f^{mag}(s)$, の2つが重要です．「核散乱長」は「散乱長 : scattering length」とも表現され，X線の原子散乱因子に相当しています．中性子の場合，散乱長は短範囲力である核力による散乱なので，そのフーリエ変換は定数になります．従って，磁性を持たない結晶なら中性子散乱の場合，構造因子の計算は比較的簡単です．各原子の散乱長はX線散乱因子と同じ文献にあります [4]．X線と違って散乱長は正のものと負のものがあります．核力が中性子に対して斥力として働くか引力として働くかで散乱長の正負が決まっています．例えば，Ni（ニッケル）の散乱長は 10.3 fm（フェムトメートル : 10^{-15} m）で正ですが Ti（チタン）の散乱長は -3.438 fm で負です．従って，両金属を 3.4 : 10.3 で混ぜた不規則合金を創ると，ブラッグ回折強度がゼロになります．V（バナジウム）の散乱長は -0.3824 fm と小さいので，中性子回折強度がほとんど観測されません．そのため中性子回折や散乱に用いる試料の容器に使っています．

3.5.2 磁気散乱

中性子には核スピンの単位で，$s=1/2$，の磁気モーメントがあり，試料の核スピンや軌道電子の磁気モーメントと相互作用します．この相互作用による散乱が磁気散乱です．試料中の核スピンが特定の方向に揃うことは極低温領域以外ではないので，ここでは軌道電子の磁気モーメントによる散乱だけを考えます．また入射中性子のスピンが一方向に揃っている偏極中性子を使う場合と揃

わない非偏極中性子を使う場合とで散乱に関する式が多少違います．煩雑さを避けるために以下の議論では非偏極中性子を使う場合だけを取り扱います．

都合が良いことに，非偏極中性子を使うと核散乱による回折強度と磁気散乱による回折強度を別々に取り扱うことができます．即ち，hkl 回折強度は次のように書けます．

$$I_{hkl} = I_{hkl}^{\text{nuclear}} + I_{hkl}^{\text{magnetic}} \tag{3-8}$$

核散乱による強度，I_{hkl}^{nuclear}，は試料結晶中の原子の散乱長が分かれば計算できます．磁気散乱による強度，$I_{hkl}^{\text{magnetic}}$，は磁気形状因子，$f_j^{\text{mag}}(s)$，から求めます．磁気形状因子は磁性をもった原子だけにある因子であり，磁気構造因子は次の式で計算します．

$$F^{\text{mag}}(hkl) = C_{\text{mag}} \sum_{j=1}^{N} f_j^{\text{mag}}(hkl) |S_j| \sin\alpha_j \exp(-i\boldsymbol{s}_{hkl} \cdot \boldsymbol{r}_j) \tag{3-9}$$

ここで，C_{mag} と S_j は定数，5.3902 fm，と j 番目の磁性原子の磁気モーメントです．磁気モーメントの単位は μ_B（ボーア）です．角度 α_j は図 3-5 に示すような (hkl) 面法線と原子 j の磁気モーメント，S_j，の為す角です．

磁気形状因子，$f_j^{\text{mag}}(s)$，は磁性を有する電子の分布関数のフーリエ変換なので，X 線の原子散乱因子と似た波数依存性を示します．磁性を有する電子は最外殻の軌道電子なので，内核電子の軌道よりも広く分布しています．そのために磁気形状因子は強い波数依存性を示します．図 3-6 は核散乱の散乱長，X 線に対する原子散乱因子と磁気形状因子を規格化して図示したものです．Mn^{2+} イオンの場合を図示しています．中性の Mn 原子で磁性を持つのは 5 個の $3d$ 電子であり，等方的な分布をしていると仮定して形状因子，$f^{\text{mag}}(s) = j_0(s)$，を計算しています．磁気形状因子は電子の波動関数のフーリエ変換なので，X 線に対する原子散

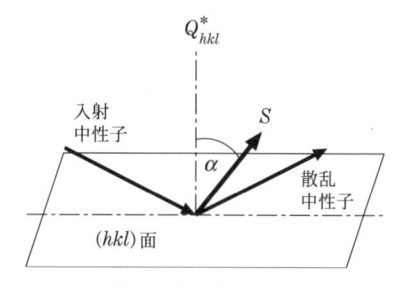

図 3-5 (hkl) 散乱面と磁気モーメントの関係

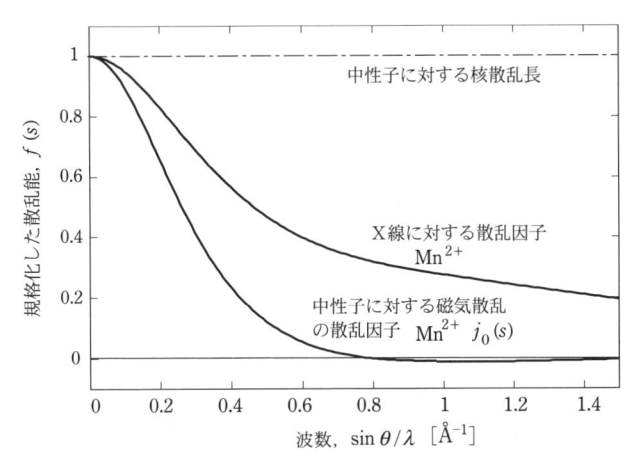

図 3-6 規格化した Mn^{2+} の散乱長，原子散乱因子および磁気形状因子の波数依存性

乱因子の計算に用いた式 (3-6) と同様の式を用いて計算しています．等方的な分布を考える場合は 8 つの定数から近似計算します[5]．非等方的な分布の場合は $j_2(s)$ や $j_4(s)$ 成分を入れて計算します．j_l とは l 番目の球面 Bessel 関数を使って電子の分布関数を波数表示に変換したことを表しています（球面 Bessel 関数そのものではありません）．中性子回折に対する磁気散乱の寄与は大変大きく，磁気モーメントの大きい系では磁気構造に由来するブラッグ散乱強度の方が核散乱強度を超えることがあります．磁気形状因子は電子の分布関数から計算されるため各原子の電子軌道ごとに違います．そのため前出の表ではイオンごと，価数ごとに定数を定めています．

磁気構造を決定するために中性子回折実験が頻繁に行われますが，外部磁場によって磁性イオンのスピンを任意の方向に倒した状態で中性子回折実験を行うことがあります．上述の $\sin\alpha$ の項を外部磁場で変える訳です．スピンの異方性が強い時には外部磁場を相当強く与えてもスピンは動かないのですが異方性が弱ければこの手法が使えます．

3.5.3 非干渉性散乱

中性子散乱の場合，X線回折と比べて非干渉性散乱強度が大変強い場合があ

ります．非干渉性散乱強度はブラッグ回折強度には寄与しませんが，波数に依存しないバックグラウンド強度を与えます．中性子散乱では非弾性散乱もかなりの強度で観測されます．非弾性散乱の場合に非干渉性散乱強度は各原子の「自己相関関数」に比例した散乱強度を与えるので，大変重要です．非干渉性散乱強度の原因には次の3つのものがあります．

1. 試料中に同種原子だが異なる核種の原子が含まれている場合，散乱長が異なる散乱体分布によるもの．
2. 核スピンの正負によって散乱強度が違い，核スピンが無秩序に分布することによるもの．
3. 有限の磁気モーメントがある系で，その磁気モーメントの向きが揃わないためにおきるもの．

これらの要因により，試料の散乱強度，σ_s，は各原子の散乱長，b_i，から計算される散乱断面積，$4\pi b_i^2$，に等しくなくなり，次のような2種類の散乱断面積を考える必要が出てきます．

$$\sigma_{coh} = 4\pi <b_i>^2 \qquad \sigma_{inc} = 4\pi <(b_i - <b_i>)>^2 \qquad (3\text{-}10)$$

この式で $<>$ は平均値を意味しています．一例として，核スピンによる非干渉性散乱を求めてみます．水素原子には核スピンがあり，その値は $s = \pm\frac{1}{2}$ です．散乱長はそれぞれの場合に違う値になり，$b_+ = 10.4$ fm であり，$b_- = -46.2$ fm です．添え字の正負は核スピンの向きを示します．これらの平均値の散乱長，$<b_i>$，が水素の散乱長，b_c，になります．平均値は次式で求めます．ただし，I は核スピンの絶対値，1/2，です．

$$<b_i> = \frac{1}{2I+1}[(I+1)b_+ + Ib_-] = \frac{3}{4}b_+ + \frac{1}{4}b_-$$
$$= -3.75 \text{ fm}$$

$$\sigma_{inc} = \sigma_s - \sigma_{coh} = \sigma_s - 4\pi <b_i>^2 = 79 \times 10^{-24} \text{ cm}^2$$

水素原子の σ_{inc} は他の元素に比べて大変大きく，通常の中性子回折実験では水素原子があると強い非干渉性散乱のためにバックグラウンド強度が強すぎて回

折強度が測定し難いものです．水素を結晶構造に含む系の中性子回折実験では水素を重水素に置換して実験しています．重水素の散乱長は 6.671 fm で正の値であり，非干渉性散乱断面積, σ_{inc}, は 2.04×10^{-24} cm^2 しかないので問題がありません．しかし，非干渉性散乱強度の大きい水素に関しては非弾性散乱強度測定によって，水素原子の拡散速度や局在振動の固有値を調べることができるという利点があります．

3.6 幾何学因子，Lorentz 因子

X線や中性子を使って結晶構造を解析するには回折装置の特性に応じた幾何学的効果を知る必要があります．粉末試料を使って結晶構造を解析する場合，最も利用される装置が，Bragg-Brentano（ブラッグ – ブレンターノ）型 X 線回折計と，Debye-Scherrer（デバイ – シェーラー）型中性子回折計です．両装置の概念図を図 3-7 に示しました．

Bragg-Brentano 型装置は集中型装置と呼ばれる一群の装置の 1 つであり，比較的弱い X 線源を用いても角度分解能を余り落とさずに測定ができるように工夫されています．X 線源は縦に長い「線光源」であり，X 線源が測定器側の

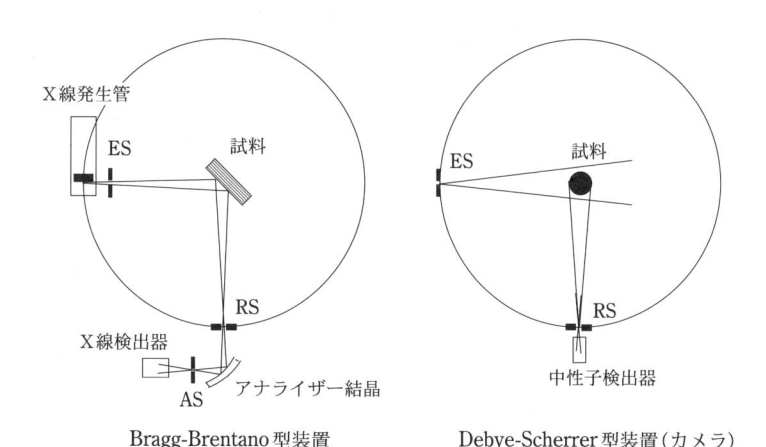

図 3-7 Bragg-Brentano 型装置と Debye-Scherrer 型装置の幾何学的配置

スリット，RS，と常に幾何学的対称関係にあるように工夫されています．試料による回折強度が向上するように，試料にはなるべく広くX線が照射されるようになっています．ブラッグピークの鋭さはX線源とスリット，RS，の開き角に多少依存しますが，基本的にはX線源の幅に依存しているのでスリットを狭くしすぎると測定強度が失われ，かえって測定強度の対雑音比，SN比，を悪化させてしまいます．Bragg-Brentano型装置は単にDiffractometerと呼ばれ，多用されるので，適正な利用方法を理解しておく必要があります．この装置は粉末試料にX線を反射型の幾何学的配置で回折させるものなので，試料表面の凹凸や試料表面の位置の回転中心からのズレが測定精度に影響しやすい特徴があります．この装置では試料の厚さが十分あれば試料によるX線の吸収効果を考えなくても回折強度を解析できる利点があります．

Debye-Scherrer型装置は，従来写真法で採られてきた方式ですが，入射波の広がり角が適切に選ばれていて，粉末試料の粒子が十分に細く，入射X線に完全に浴している(完浴している)場合には，装置の分解能は試料の太さとスリット，RS，の幅に依存します．粉末中性子回折装置にこの形式が採用されています．中性子源の強度は余り大きくないので，効率的な測定のためには分解能と測定効率のバランスを考えて最適化した試料の太さとスリット幅を捜す必要があります．この装置では中性子線もX線も試料の中を通過するので吸収効果を補正した回折強度解析が必要になります．

回折強度に関する幾何学的な補正因子はLorentz因子と呼ばれます．図3-8にDebye-Scherrerカメラの概念図を示します．X線が左側から入射します．X線はコリメータを用いて点状に絞られます．試料で回折されたX線は入射波に対して同じ回折角，2θ，の円錐面の中に回折強度を作ります．この円錐はブラッグ回折ピークの数だけできます．この円錐群がDebye-coneです．Debye-Scherrerカメラのフィルムはこの Debye-cone の一部を切り取って記録するものです．頂角4θのDebye-coneの裾の円周は2θが90度の時に一番長く，0と180度に近い領域では極端に短くなります．回折強度はこの円周に逆比例するので，$1/\sin 2\theta$に比例します．

粉末試料による回折では，試料中の全ての試料粉末粒が全ての回折ピークに

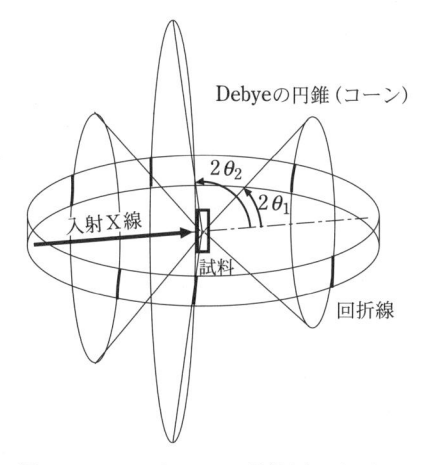

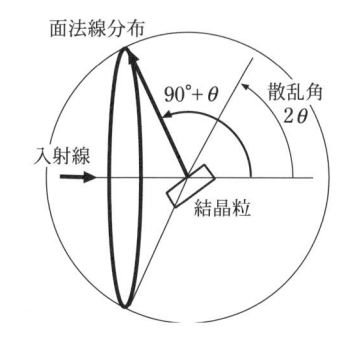

図 3-8 Debye-Scherrer 型装置における Debye の円錐（コーン）と回折線

図 3-9 結晶粒の面法線分布と散乱角の関係

回折強度を与えているわけではなく，偶然に回折条件が満たされた粉末粒だけが回折に寄与します．試料中の結晶粒の結晶方位が無秩序に分布していた場合，ある回折角，2θ，の回折強度に寄与する結晶粒の回折面は図 3-9 のように $90°+\theta$ の円錐面上の限られた領域になくてはなりません．従って，回折角が高くなるほど回折に寄与できる結晶粒の数が減ります．回折に寄与する結晶粒の数は結局，$\cos\theta$，に比例することがわかります．

ブラッグ回折ピークの半値幅は回折角の小さい領域で狭く，大きい領域で $\cos\theta$ に比例して広がるので回折強度はそれに反比例します．

ある結晶面からもたらされる回折強度は無限の広さの結晶面から来るものではなく，面内の各点から来る散乱光は僅かずつ位相がずれます．回折光として観測されるものは位相が一定の誤差の範囲で揃った散乱光が足し合わされたものです．位相の揃う領域の広さ（消衰距離）は $\lambda/\sin\theta$ に比例します．λ は入射光の波長です．

これら 4 種類の効果をまとめると，測定された回折強度，$I(hkl)$，には幾何学的な効果から $\dfrac{1}{\sin 2\theta}\cdot\cos\theta\cdot\dfrac{1}{\cos\theta}\cdot\dfrac{1}{\sin\theta}$ という因子がつくことになります．

この式を整除すると，$\dfrac{1}{2\cos\theta\sin^2\theta}$ になります．この幾何学的因子は Debye-Scherrer 写真のブラッグ回折強度に適用されるだけでなく，粉末中性子回折装置や Bragg-Brentano 型 X 線回折装置で観測される回折強度にも適用できます．非偏光 X 線源を利用した X 線回折測定では偏光因子，$\dfrac{1}{2}(1+\cos^2 2\theta)$，があるので，ローレンツ偏光因子 (Lorentz-Polarization) として $L_p = \dfrac{(1+\cos^2 2\theta)}{\cos\theta\sin^2\theta}$ を考えることになります．定数の 1/4 は省略してあります．

幾何学的因子は回折装置の種類ごとに違うので必要に応じて文献[6]を参照して下さい．

3.7 吸収補正

厚みのある試料の中を X 線や中性子が通過すれば様々な要因で吸収が起きて，出射される波の強度が低下します．この要因による回折強度の低下を評価しましょう．吸収される入射波の量は試料の厚さに応じたものであり，厚さ，r，の試料を通過後強度が $\exp(-\mu r)$ 倍になります．ここで μ は線吸収係数です．線吸収係数は X 線の場合も中性子の場合も試料の密度と試料中の基本格子当たりの全散乱断面積から求めます．X 線に対する各原子の全散乱断面積は X 線の波長に大きく依存しており，波長が長くなるほど断面積は急に大きくなります．実際の測定では文献を精査することが必要です[7]．たとえば，Ti 原子は入射 X 線が Cu K$_\alpha$ の場合，1.59×10^4 barn (10^{-24} cm^2) の断面積を持ちますが，入射 X 線が波長が約半分の Mo K$_\alpha$ の場合は 1.86×10^3 barn に過ぎません．基本格子に含まれる各原子の散乱断面積を求め，試料の単位体積 (1 cm^3) 当たりの断面積を求めます．

$$\mu = \frac{1}{\Omega_{\text{cell}}}\sum_{i=1}^{N}\sigma_i \tag{3-11}$$

Ω_{cell} は基本格子の体積であり，σ_i は基本格子中の各元素の全断面積です．

中性子の場合は σ_i の代わりに $\sigma_t = \sigma_s + \sigma_a$ を用います．σ_s と σ_a はそれぞれ全散乱断面積と吸収散乱断面積です．X線の場合と中性子の場合で μ には 10^3 から 10^4 倍の差があります．回折強度の吸収補正は各回折線が試料中を通過した距離から計算します．単結晶X線回折測定実験などではこの補正計算が重要であり，試料が大きすぎると回折強度を適切に補正できない場合もあります．回折強度測定に適切だと思われる試料の大きさは，試料を半径 r の球状だとすると，吸収係数，μ，との掛け算，μr，が 2.0 を超えない程度です．これが 5.0 を超えると精密な回折強度の評価に支障があります．中性子に対する散乱断面積は上記の文献[7]の 441 〜 448 ページにあります．単結晶回折測定の場合には前出の位相の揃う領域の広さ（消衰距離）が関係する場合があります．結晶の完全度が高い場合に hkl 指数の低い回折強度が異常に低下します．Debye-Scherrer 型装置の利用には円筒形の試料棒ないしは円筒形試料ケースが用いられるので回折強度の評価には吸収効果の補正が必要になります．

Bragg-Brentano 型装置の吸収補正項

試料は平面状に固められた粉末であり，吸収係数を μ とします．試料中に図 3-10 のように $l \times dx \times a$ (a は紙面に垂直方向の厚さ) の試料素片を考え，これからの回折強度を求めます．入射X線強度は斜めに入射しているのでその素片に対して単位面積当たり，$\dfrac{I_0}{\sin\theta}$ です．回折強度として試料から出てくるX線，強度 $= dI_p$，は距離，$\overline{AB} + \overline{BC}$ を通過するので，

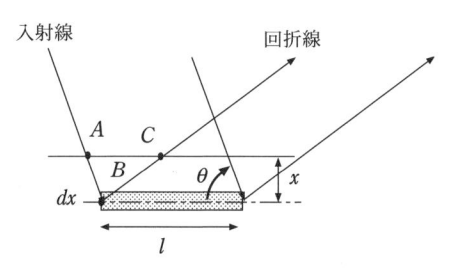

図 3-10　Bragg-Brentano 式装置の X 線の光路

$$dI_p = I_0 \frac{l}{\sin\theta} \exp[-\mu(\overline{AB} + \overline{BC})]$$

$$\overline{AB} = x/\sin\theta = \overline{BC}$$

$$\int_{x=0}^{\infty} dI_p = \int_0^{\infty} \frac{I_0 \exp\left(-\mu \frac{2x}{\sin\theta}\right)}{\sin\theta} dx = \frac{I_0}{\sin\theta} \cdot \frac{\sin\theta}{2\mu} \exp\left(-\mu \frac{2x}{\sin\theta}\right)\Bigg|_0^{\infty} = \frac{l \cdot I_0}{2\mu}$$

従って,回折強度は回折角 θ に関係なくなるという結果になりました.積分の範囲に制限のある場合と試料表面に対して,入射波と回折波が等しい角度になっていない場合には積分値に角度依存性が残るので吸収補正が必要になります.しかし,試料が薄く,試料の裏側までX線が突き抜けるような場合にも試料の裏側に抜けたX線強度が表面の 1/100 以下程度ならば,吸収補正は考えなくても良いことになります.一例として TiO_2 粉末試料の場合,吸収補正が必要にならなくなるにはどの程度の試料厚が必要か求めてみましょう.

TiO_2 の格子定数は a=4.5929 Å, c=4.5929 Å であり,Ti と O の散乱断面積はそれぞれ,σ_{Ti} =1.59×10^4 barn, σ_O =3.04×10^3 barn です.基本格子には2個の Ti 原子と4個の O 原子があるので,吸収係数は μ=704.245 cm^{-1} になります.粉末試料の充填率を 0.5 程度とすると実質的な吸収係数はその半分です.入射 X 線の強度が 1/100 になる試料厚さはこの場合,0.065 mm になります.従って,TiO_2 のように X 線を通過させやすい試料でも粉末試料の厚さを 0.1 mm 程度にすれば吸収補正を考えなくても良いと言うことになります.

3.8 温度因子

有限の温度で結晶中の各原子は平衡位置を中心に熱振動しています.熱振動の時間平均をとれば,ガウス関数,$\exp\left(-\frac{x^2}{2\sigma^2}\right)$,に従って分布していると考えて良いでしょう.ここで,各原子の熱振動の標準偏差,σ,を「熱振動振幅」と表現します.各原子に属する電子雲も中心原子の振動に追随して振動しており,電子分布関数も次のように書かねばならない訳です.

第 3 章 回折現象

$$\rho(\boldsymbol{r}) = \rho_0(\boldsymbol{r}-\boldsymbol{r}')\exp\left(-\frac{(\boldsymbol{r}'-\boldsymbol{r}_0)^2}{2\sigma^2}\right)$$

原子が $\boldsymbol{r}_0$ を中心に振動しているので電子雲もそれを中心に振動します．有限の温度において，X線に対する原子散乱因子は上の関数のフーリエ変換になります．便利なことにフーリエ変換にはコンボリューション定理があるので，熱振動に関する部分と従来の原子散乱因子の部分，$f_0(\boldsymbol{k})$，を分けて計算できます．熱振動振幅に結晶方位に対する依存性がないと仮定すると計算が容易になって，有限の温度では，原子散乱因子は次のような式で与えられます．

$$f(\boldsymbol{k}) = f_0(\boldsymbol{k})\exp(-\sigma^2 \cdot k^2/2)$$

結晶方位に依存した（調和振動子型の熱振動を仮定して）熱振動振幅を考える場合には標準偏差を2階のテンソル，σ_{xx}, σ_{xy}, σ_{xz}, etc で与えます．上式右辺の第2項を Debye-Waller factor（デバイ - ウォーラー因子），と呼んでいます．通常この因子は，$\exp(-BQ^2)$，と書くことが多いので，この形で記憶して下さい．B と Q はそれぞれ，$8\pi^2\sigma^2$ と $\sin\theta/\lambda$ です．$\sigma = \bar{u}$（熱振動振幅の平均）です．Q はブラッグピークを観測した波数ですが，慣習的に $\sin\theta/\lambda$ で表しています．λ は X 線の波長です．$\bar{u}$ は大体の結晶で，室温では 10^{-2} Å の桁の値になります．結晶構造解析では各原子の熱振動の大きさを σ ではなく，通常 B で表します．B は軽元素で大きく，重元素で小さい値になります．酸素の B は室温付近では 1.0 Å^2 程度ですが重金属では 0.1 Å^2 程度になります．Debye-Waller 因子は原子が非等方的に熱振動しているときには2次形式で次のように与えます．

$$\exp\left(-\left[B_{11}q_x^2 + B_{22}q_y^2 + B_{33}q_z^2 + 2B_{12}q_xq_y + 2B_{13}q_xq_z + 2B_{23}q_yq_z\right]\right)$$

q_x 等は波数ですが 2π で除した単位で表示されるので $B_{11} = 2\pi\bar{u}_x^2$ 等の式が成り立ちます．熱振動が調和振動子から外れていると，もっと高次元の項まで導入することになります．

熱振動について Debye 近似が適用できれば，温度の高い領域では $B \propto \dfrac{T}{\Theta_D^2}$ なので B は 60 K 程度までは温度低下によって直線的に小さくなりますが，

10 K 以下ではほぼ一定になります．Θ_D は Debye 温度です．Debye-Waller 因子は散乱角，2θ，の高い領域で観測される回折強度を小さくするように働くので，高い温度領域での回折実験では回折強度が低くなって 2θ の高い領域のデータが得にくいことになります．

粉末 X 線回折強度

幾何学因子と温度因子が与えられると式 (2-19) のブラッグ回折強度の実測値が計算できます．構造因子を計算する場合には Debye-Waller 因子を考慮すると，

$$I_{\text{powder}}(hkl) = I_0 \times \frac{1 + \cos^2 2\theta}{\sin^2 \theta \cos \theta} L^* L \cdot F^* F \, P_{hkl} \tag{3-12}$$

L は Laue 関数，$L(hkl)$，であり，F は構造因子，$F(hkl)$，です．P_{hkl} は同じ回折角にある同種のブラッグ回折ピークの数，即ち**多重度因子**です．多重度因子は立方晶の場合，200 反射は ±200，0±20，00±2 の合計 6 つの反射を含むので 6 ですが，135 反射のような一般的な反射の場合は 48 にもなります．

非偏光中性子を使った中性子粉末回折強度の場合は上の式から偏光因子を取り除いた式になります．中性子粉末回折強度を計算する場合には X 線回折の場合と違って，各原子の原子散乱因子（異常分散効果も忘れないこと）の替わりに散乱長を用います．

問題 9

1. 第 2 章 2.13 節 (p.52) に示した $La_{1.85}Sr_{0.15}CuO_4$ の結晶学パラメータに従って，非偏光で波長 1.54 Å の X 線を用いた場合の粉末 X 線回折強度を求めよ．ただし，散乱角の小さいものから 5 本だけを考えれば良い．まず，各 *hkl* 反射について，散乱角，構造因子，Lp 因子，多重度，を計算し，回折強度を求める．これらの値を一覧表にしたのち模式的な図面を描くこと．Laue 関数は無視して良いことにする．

2. 上の結晶について中性子粉末回折強度を同様に計算せよ．中性子の波長は上と同様に 1.54 Å とせよ．

3. Cu K$_\alpha$ 線 (λ=1.54 Å) を用いて金属 Al の粉末 X 線回折強度を測定した所，回折角を 2θ とすると $\sin^2\theta$ の値で 0.112, 0.149, 0.294, 0.403, 0.439, 0.583, 0.691, 0.727, 0.872, 0.981 の所に回折ピークを観測した．これらの回折線の hkl 指数を求めよ．ただし，金属 Al の格子定数は 4.0497 Å である．

4. 格子定数を粉末回折図形から決定する場合，横軸を $\sin^2\theta$ とし，各ブラッグ回折ピークの位置から求まる格子定数を縦軸に取って，$\sin^2\theta = 1.0$ の所に内挿した値をこの結晶の格子定数とすることが多い．格子定数と $\sin^2\theta$ の関係を図示し，その関係を最小二乗法によって直線に回帰させて金属 Al の格子定数を求めよ．誤差も求めよ．

5. 前問では横軸を $\sin^2\theta$ でプロットしたが，$\left(\dfrac{\cos^2\theta}{\sin\theta} + \dfrac{\cos^2\theta}{\theta}\right)$ を横軸としプロットし直し，$\theta=90°$ に相当する横軸の個所に内挿せよ．横軸に取った上記の関数を Nelson-Riley の関数と呼び，粉末回折ピークの位置から正しい格子定数を求めるために最も優れた関数だと考えられている．

3.9　X線の発生

　X線回折実験には通常 X線発生管と呼ばれる真空管が使われます．図 3-11 にその断面図を示します．図の左手から陰極が挿入されて，水冷された標的（ターゲット）に向けて電子線が放射されるようになっています．電子線の発生には熱電子放射現象が利用されるので陰極にはフィラメントがあり，そこから熱電子が飛び出します．加速電圧は 30 keV から 50 keV であり，電流値は通常 10 mA から 45 mA 程度です．この真空管は「X線管球」と呼ばれるもので，標的で発生した X線は 4 方向に設置されている穴から外に出てゆきます．この穴は金属 Be 箔の真空隔壁によって塞がれているので，真空管の真空が保たれます．Be 箔の X線透過率は 82 ～ 99% です．波長の短い X線ほど透過率が高くなります．フィラメントは直径 0.4, 1.0 ないし 1.2 mm であり，長さは 8, 10 ないし 12 mm です．フィラメント周辺の配置を図 3-12 に示しました．金属標的は水冷された銅のブロックに電気メッキされた薄膜状の Ag, Mo, Fe, Co ある

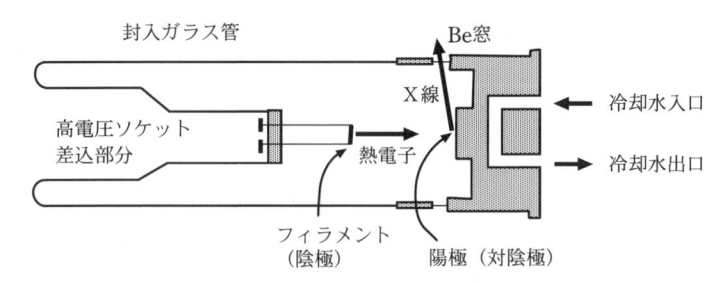

図 3-11　X線管球の模式図

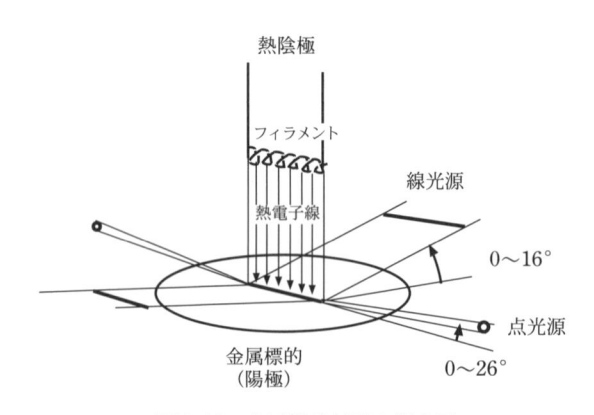

図 3-12　金属標的付近の概念図

いは銅そのものです．

　金属標的から発生したX線をどのような取り出し角で取り出すかは利用者の自由です．従来のX線回折法では回折強度を写真フィルムに撮影してからその黒化度を定量的に議論していましたが，その時代の取り出し角度は標的の面から6〜7°でした．X線の強度は20°程度までは取り出し角が高い程大きくなります．しかし，取り出し角が高くなると電子線が標的に当たる面積を見込む角度が増えるので角度分解能がその分下がることになります．従って，測定する対象によって，角度分解能を優先するか，積分強度を優先するかで，取り出し角を変えるべきです．取り出し角が余り低いと標的表面の粗さによるX線強度のばらつきが増え，しかも強度が急に減少するので，注意が必要です．線

状の電子線束が標的に当たるので，出射されるX線も異方的になります．2方向には線状光源 (line focus) であり，それと直角方向には点状光源 (point focus) になります．線状光源は粉末回折計の入射用であり，点状光源は写真法や4軸型単結晶X線回折装置の入射用です．用途に合わせてどちらかを利用します．入射X線強度が高い方が回折強度が増えるので，良いデータを得ることができます．しかし，線状光源の幅や点状光源の開き角はフィラメントの太さにも依存しています．フィラメントが太ければその分強度が増えるものの角度分解能が落ちます．従って，X線回折測定を行うには適切な太さのフィラメントの管球を利用することが肝要です．

商品として売られているX線管球には常時投入できる最大定格電力 (kV× mA=W) が決められており，大概2 kW前後です．フィラメントが細い fine-focus 管と中間の太さの normal-focus 管，および化学分析用の太いフィラメントの broad-focus 管の3種類があります．Fe，Co および Cr の標的の入っている管球の最大定格は normal-focus 管で 1.5〜1.8 kW ですが，Mo や W の管球は 2.4 kW です．標的の熱伝導率や酸化し易さ，あるいは融解温度が最大定格電力に影響しています．標的金属の差によって投入できる最大電力が違うことを理解しておく必要があります．また，最大定格電力とX線発生管の保証寿命には関連性があって，最大定格電力を投入して連続的に使うと約3000時間で寿命が尽きるように設計されています．最大定格電力よりも少な目の電力で利用すれば，X線発生管の寿命がそれよりも延びます．X線発生管は真空管の利用方法とすると厳しい条件での利用なので，急に投入電力を上げると簡単に破壊します．水冷を忘れて利用するともっと簡単に破壊します．冷却水の水温と流量に気を付け，さらにマニュアルに示された条件で暖気運転をした後に利用することがこつです．

X線回折測定には封入管球の他に，標的金属を回転し，かつ内部から水冷されている円盤上に電気メッキして冷却効率を高め，最大定格電力を10倍以上高めている「回転対陰極型」X線発生機もあります．しかし，最近の医用X線技術の向上により，X線強度測定器の著しい計数効率向上が実現されたので，回転対陰極型X線発生器は必要でなくなってきました．

3.10 シンクロトロン放射光

回折測定のために使われるX線の中でも，最も高い強度を期待できるのが表題の「シンクロトロン放射光」(Synchrotron Radiation; SR) です．シンクロトロンとは閉じたリング状の真空容器の中に高速度の荷電粒子を周回させながら加速，蓄積する装置であり，従来は素粒子の研究に使われてきたものです．シンクロトロンの中を周回する荷電粒子をリングの接線方向から眺めると電気双極子の振動との類似性に気づくはずです．荷電粒子振動があれば，すでにThomson散乱の節 (3.2節) で示したように，電磁波が全ての立体角に向かって放射しますが，その強度は振動方向と90°方向で一番強く，振動方向ではゼロでした．これと同じ現象が「シンクロトロン放射光」の発生にも起きます．図3-13の(a)は古典的な荷電粒子の振動による電磁波の放射強度を示します．周回円のラジアル方向との角度をχとすると，電磁波の強度は3.2節に述べたように$\sin^2\chi$に比例します．シンクロトロンを周回する荷電粒子の速度が光速に近づくと相対論効果が顕わになって荷電粒子の座標と実験室座標の差が大きくなります．荷電粒子の座標を実験室座標で表記するには次のLorentz変換をします．

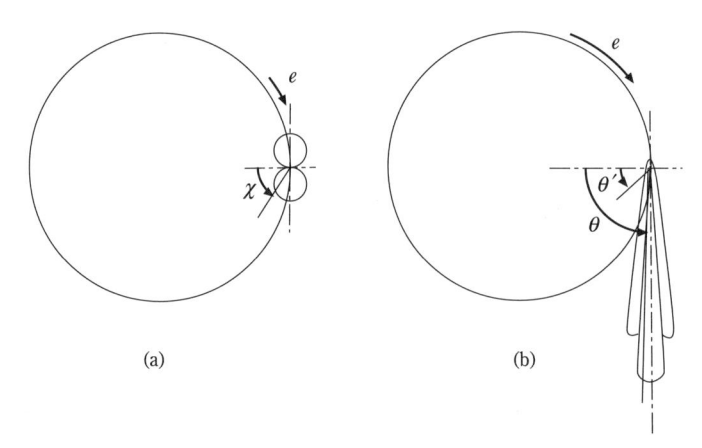

図 3-13 シンクロトロン放射の原理，(a) 荷電粒子の座標からみたX線強度分布，(b) 実験室座標から見たX線強度分布．

$$\tan\theta = \frac{1}{\gamma} \cdot \frac{\sin\theta'}{\frac{v}{c} + \cos\theta'}$$

θ と θ' は図 3-13(b) に示したような荷電粒子と実験室の座標系の角度です. $\gamma = 1/\sqrt{1-v^2/c^2}$ であり, v は荷電粒子の速度, c は光速です. $\theta' = \frac{\pi}{2}$ に電磁波の出ない穴がありますが, これが実験室系では $\frac{1}{\gamma}$ の半頂角を持った大変鋭い 2 等辺 3 角形の足になります. 実際の SR 光ではこの穴が平均化されて観測されません. 実際のシンクロトロン放射光ではこの 3 角形の頂角は 2.5 GeV の加速電圧の施設では 0.4 mrad です. 従って, 実験室系では SR 光は水平方向の直線偏光した発散角 ($2/\gamma$) の小さいほぼ平行な X 線になります. 実用に供される SR 光は陽電子 (e^+) ないし電子 (e^-) を蓄積したシンクロトロンから得られています. 陽電子を利用する理由は真空容器の中で陽電子は不純物と衝突しても核反応によって対消滅するのでシンクロトロン中の陽電子流に余計な乱れを持ち込まず, 結果的にシンクロトロンの陽電子蓄積効率が電子よりも高くなるからです. しかし, 陽電子線は作るのに手間がかかるので最近は敬遠気味です. 出射される SR 光の波長は極紫外域から X 線領域まで (0.1 μm～1 Å 程度) 連続的に得られます. 全放射強度も数 100 kW から MW 領域になるので, 放射光を試料に直接入射させると試料が加熱されて蒸発します. SR 光の振動数 (エネルギー) 分布曲線は $\omega_p \approx 2\pi\gamma^3\omega_0$ に緩いピークを持っています. シンクロトロンの曲率半径を R とすると, ω_0 は基本角振動数, c/R, です. 従って, 蓄積される (陽) 電子のエネルギーが高いものほど γ が大きくなり, エネルギーの高い (波長の短い) X 線が得られます. また, R が小さいものほどエネルギーの高い X 線が得られます. 実際のシンクロトロンは完全な円形ではなく, 多くのベンディング磁石で電子流を折り曲げて環流を作るような形状を為しています. そのため SR 光はそのベンディング磁石の中心付近で発生しています. 現在世界で最も高いエネルギーをもった SR 光発生施設の 1 つが姫路市の近郊にある SPring-8 施設であり, 8 GeV のエネルギーを持った電子流が強い X 線を発生しています.

SR 光の原理から，水平面から得られる SR 光は直線偏光ですが，多少上下にずれた方向から取り出された SR 光は図 3-14 に示すような楕円偏光になります．回転する偏光 X 線を利用した実験（右回転偏光と左回転偏光の X 線の吸収率の差を測定）により磁性イオンの磁気モーメントを測定することができます．

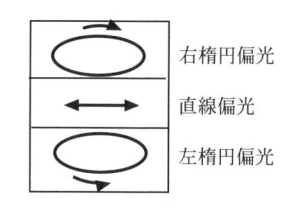

図 3-14 SR 光の偏光性の分布．水平面では直線偏光だが上下にずれると楕円偏光になる．

3.11 特性 X 線

金属標的に電子を入射すると，内殻電子が励起され，空になった内殻電子の準位に別の電子が遷移してきます．その時に放射される電磁波が特性 X 線になります．特性 X 線は複数の電子遷移によるものであり，何種類かの波長の決まったものになります．通常の X 線回折実験はこの特性 X 線を用いて行います．金属標的に電子線が非弾性衝突して制動を受けるとそのエネルギー以下のエネルギーの電磁波が放散されます．これが Bremsstahlung（制動輻射）による X 線ですが，この X 線は連続的に波長の分布する白色 X 線になります．白色 X 線は Laue 写真法に用いられますが，通常の回折測定には使いません．図 3-15 に Cu 標的に 35 keV の加速電圧で電子を入射した場合に発生する X 線のスペクトルを模式的に示しました．山状に変化しているのが，Bremsstahlung による白色 X 線であり，ピーク状になっているのが，特性 X 線です．

連続スペクトルの最短波長 λ_{min} は入射電子線のエネルギーが 1 回の衝突で全て X 線のエネルギーに変換した場合に相当します．従って，$\lambda_{min} = hc/eV_0 = 12.34$ [Å]$/V$ [kV] が成り立つことになります．最も強度の高い白色 X 線の波長は最短波長の 1.5～2.0 倍です．入射電子線のエネルギーが上がると白色 X 線の最短波長と最強 X 線波長が同時に短くなり強度自体も増えます．白色 X 線の強度は標的金属の原子番号，Z，にも比例関係があり，Z の大きい金属から強い白色 X 線が発生するので注意が必要です．

特性 X 線の波長は原子番号，Z，と $Z \propto \lambda^{-1/2}$ の関係があります．Z の大きな金

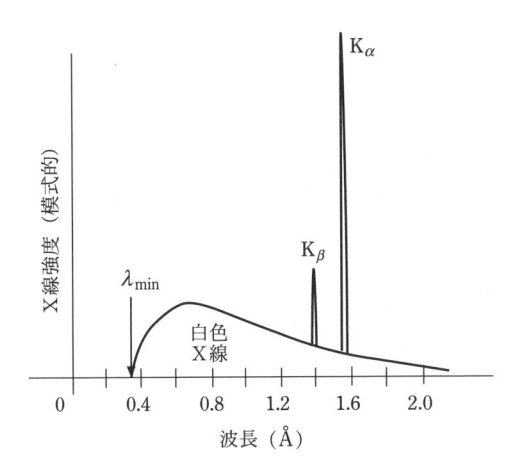

図 3-15 Cu標的に 35 kV の加速電圧で加速した電子を入射した場合に発生する X 線のスペクトル.

属ほど短い特性X線を出します．特性X線の波長については前期量子論の時代から詳しく研究されてきました．特性X線の発生を理解するために内殻電子のエネルギー準位を量子数を用いて記述します．これには n, l, j の 3 種類の量子数を用います．n と l は主量子数と方位量子数です．j は "内" 量子数ないしは "全角運動量" 量子数 ($j=l+s$) と呼ばれる数です．内殻電子の準位である，$n=1$, 2 および 3 の準位を K, L, M 殻とそれぞれ呼び慣わしています．X線の発生を伴う電子の遷移には，$\Delta l = \pm 1$　$\Delta j = 0$ or ± 1 の厳しい選択則があることが知られています．K 殻に電子が落ちてくることによって発生する X 線を総称して K 線と呼び，L 殻に落ちてくることによる X 線を L 線と呼びます．図 3-16 に内殻のエネルギー順位を模式的に示しました．

K_α 線は図のような 2 種類のエネルギー遷移に対応しており，多少エネルギー値が異なるので波長も違います．K-L3 遷移を $K_{\alpha 1}$ 線とし，K-L2 遷移を $K_{\alpha 2}$ 線としています．Cu を標的金属とすると，それぞれの波長は $K_{\alpha 1}$ 線が 1.54051 Å であり，$K_{\alpha 2}$ が 1.54433 Å です．$K_{\beta 1}$ 線は K-M3 遷移に相当し，1.39217 Å の波長をもっています．K_β 線としてはこの他にも，$K_{\beta 2}^{I,II}$ (K-N3, K-N2 遷移), $K_{\beta 3}$ 線 (K-M2 遷移), $K_{\beta 4}^{I,II}$ (K-N5, K-N4 遷移) などがありますが強度が弱いものです.

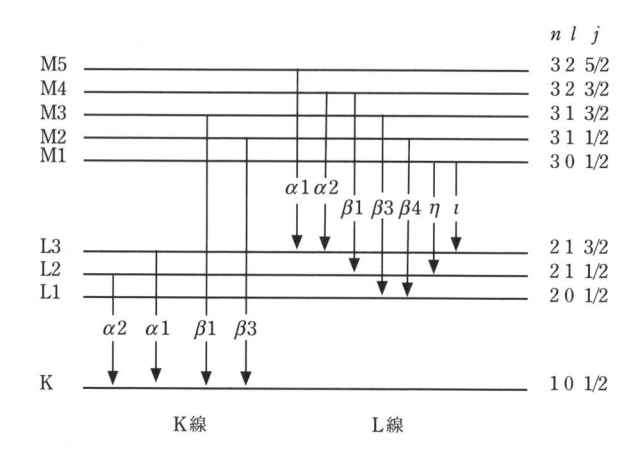

図 3-16 内殻のエネルギー順位と発生する特性 X 線の名称

$K_{\alpha 1}$ 線と $K_{\alpha 2}$ 線が主として X 線回折測定に用いられ，$K_{\alpha 1}$ 線の強度は $K_{\alpha 2}$ の強度のほぼ 2 倍 (1 : 0.497) です．回折測定を行う場合，低い散乱角の回折ピークは 1 本ですが，回折角が高くなると $K_{\alpha 1}$ 線と $K_{\alpha 2}$ 線の波長に差があることから回折ピークが割れます．一方，K_β 線は「フィルター」を用いて消すことが可能です．$K_{\alpha 1}$ 線と $K_{\alpha 2}$ 線が分裂しない範囲で回折実験をすれば十分な場合が多いので，その範囲で使う K_α 線の波長として，$K_{\alpha 1}$ 線と $K_{\alpha 2}$ 線の波長の加重平均値 (Cu の場合は 1.5418 Å) を求めて，K_α 線の波長と表現しています．表 3-1 に代表的な金属標的の特性 X 線の波長を示します[8]．

表 3-1 代表的な金属の特性 X 線の波長，単位は Å

金属	$K_{\alpha 1}$	$K_{\alpha 2}$	$K_{\bar{\alpha}}$	$K_{\beta 1}$
Cr	2.28962	2.29351	2.2909	2.08480
Fe	1.93597	1.93991	1.9373	1.75653
Co	1.78892	1.79278	1.7905	1.62075
Cu	1.54051	1.54433	1.5418	1.39217
Mo	0.70926	0.71354	0.7107	0.63225
Ag	0.55936	0.56378	0.5608	0.49701

3.12 フィルター

3.4 節に述べたように，標的金属に近い原子番号の金属の K 吸収端を利用して，選択的に K_β 線を吸収することができます．しかし，フィルターは金属箔なので，K_α 線も同時に吸収します．フィルターの厚みをどの程度にすれば良いかを決めねばなりません．それは，K_β 線の混入をどの程度認めるかによっています．通常は K_β 線の強度が $K_{\alpha1}$ 線の強度の 1/100 〜 1/500 の範囲でフィルターの厚みを決めています．表 3-2 にこの比が 1/100 になるフィルターの厚さを代表的な標的金属ごとに示しました[9].

Cu 標的の場合，$K_\beta/K_{\alpha1}$ = 1/100 になる Ni フィルターにより $K_{\alpha1}$ 線の強度は 55 % になっています．この比が 1/500 になるフィルターの厚さは 0.023 mm ですが，この場合の $K_{\alpha1}$ 線の減衰率は 60 % になります．

X 線回折に用いるフィルターには balanced filter と呼ぶものもあります．これは K 吸収端に相当する波長が K_α 線の直前と直後になる 2 種類の金属フィルターを組み合わせたものです．これらの 2 種類のフィルターを用いて，別々に 2 回同じ試料で，実験条件を揃えて回折測定します．その差が K_α の回折によるものです．Cu の K_α 線に対応する balanced filter の組は Ni と Co の箔であり，厚さをそれぞれ 0.0100 mm と 0.0083 mm とします．厚さを変える場合にもこの比を保ったままにします．不純物の存在や第 2 相の効果，あるいは対称中心の有無等を決める場合にはこのような精度の良い実験をする必要があります．

表 3-2 代表的な金属の K_β 線用フィルター金属等

金属	K_β Filter	$K_\beta/K_{\alpha1}$=1/100 になる厚み (mm)	$K_{\alpha1}$ 線の減衰率 (%)
Cr	V	0.011	37
Fe	Mn	0.011	38
Co	Fe	0.012	39
Cu	Ni	0.015	45
Mo	Zr	0.081	57
Ag	Pd, Rh	0.62, 0.062	74, 73

3.13 モノクロメータ

　SR光源は連続した波長のX線源なので，回折実験をするには，その中から特定の波長を選ぶ必要があります．この操作に反射効率が高く，入手が比較的容易な結晶を用います．特性X線から K_β 線と白色X線を除くにも同様の結晶を利用することがあります．この結晶をモノクロメータ"monochromator"と呼びます．

　結晶のブラッグ回折現象を利用して波長を分別するため，反射効率を問わなければ，どの結晶を用いても良い訳です．代表的なモノクロメータ用結晶は人工黒鉛である"pylolitic graphite; PG"ですが，Si, Ge, SiO_2，あるいは特殊な用途に LiF や CaF_2 等も利用されます．湾曲させたモノクロメータを利用して入射線の発散角を一定に設定する"focusing"という操作も行われます．PGやLiFは薄片状にし易く，この目的に適しています．PGは中性子の反射効率も良いので中性子線のモノクロメータとしても多用されています．

　モノクロメータの利用で気を付けるべき点があります．モノクロメータによって目的波長だけが選択されるのではなく，同時に同じ散乱角でブラッグ条件を満たす，$\lambda = \frac{\lambda_0}{2}, \frac{\lambda_0}{3}, \frac{\lambda_0}{4}$，の成分（$\lambda_0$ を目的波長とする高調波成分）も混入する可能性があります．例えば，PGは(002)面；d_{002} = 3.52 Å を利用するのが普通ですが，d_{004} や d_{006} からの波が必ず混入します．一方，Ge や Si は反射能は PG に叶いませんが，結晶構造がダイアモンド構造であるため，逆格子点の数が少なく，通常利用される(111)面や(113)面の2倍高調波成分は構造因子がゼロになるので存在しません．モノクロメータの利用には反射効率を十分に吟味すべきであり，モノクロメータのモザイク構造（単結晶は結晶方位が僅かずつ違ったモザイクと呼ばれる結晶亜粒に分かれている）によって反射効率が数倍も違ってきます．入射線の発散角に適したモノクロメータを利用しないと入射強度を大きく損なうことになります．

3.14 粉末回折法を用いた自動結晶解析

　未知の粉末試料の結晶構造解析を行うことが本編の最終的な目標でした．粉末試料の構造解析を始める前に次の点を確認する必要があります．
1. 試料中に何種類の結晶が含まれているか．
2. 結晶の基本格子が属する晶系と格子定数等（$a, b, c, \alpha, \beta, \gamma$）．
3. 逆格子の消滅則．
4. 各結晶の化学組成．
5. 各結晶の密度．

　化学組成が正確に分かっているほど構造解析精度が高まりますが，主要な成分の化学組成が3桁程度の精度で決まっていないと，その後の解析が難しくなります．密度が分かると基本格子の中の構成原子の数が分かります．これらから，結晶の属する空間群の候補が幾つか決まります．試料を準備する過程で，生じる可能性のある結晶は予想できるので，文献を調べておけば，それほど結晶構造の決定に困難が伴うことはありません．全く予想がつかない場合は粉末試料による解析を中止して，電子顕微鏡による結晶の構造像撮影や電子線回折図形撮影などに移り，空間群の候補を決めて単結晶試料を用いて解析する方が能率的な場合があります．

　粉末X線回折測定による結晶の同定は最も単純で，かつ利用価値の高い方法なので，すでに膨大なデータがデータベースとして集められています．中級以上の粉末X線回折装置のコンピュータにはこのデータベースが収容されています．以前は，このデータベースは印刷されたカードかマイロフィルムの形でしか利用することができなかったのですが，現在はX線回折測定をしながら検索したり，測定したX線回折強度と合致する物質を自動的にデータベースから探し出すことができます．このデータベースは昔は'ASTM'カードシステム（The American Society for Testing and Materials Committee E-4 によるため）という名称で親しまれていました．現在は'JCPDS-International Centre for Diffraction Data'という登録商標で販売されています．販売元は'International Centre for Diffraction Data, 12 Campus Boulevard, Newtown Square, Pennsylvania,

19073-3273, USA'であり，URL は http://www.icdd.com です．未知の粉末試料の結晶構造を旧来のデータベースカード等の検索では決めることが困難な場合は，このJCPDSデータベースの自動検索が可能な中級以上の粉末X線回折装置で測定をし直すことをお勧めします．

　実験はなるべく微粉末（直径 100 μm 以下）の試料を使って行うことと，測定値の統計精度を良くすること，および，試料を乗せる台にSi またはサファイア単結晶でできている「無反射板」を利用して試料表面が平滑性の良い状態で測定すること等がこつです．試料に複数の相が含まれている場合よりも1種類の相（構造）の試料の方が望ましい結果を得やすくなります．自動検索プログラムはデータ検索に先立って試料の化学的な組成を入力させますが，余り細かい情報は必要ではありません．1回の検索で適切なデータに行き当たらないとコンピュータは自動的に近縁の元素のデータも検索対象とする場合が多いようです．プログラムの規模とコンピュータの性能によってプログラムの融通性が決まるので，成るべく最新バージョンのプログラムが働いている新しい装置を使うように心がけると良いと思います．新しい装置ほどデータベースも新しいので，未知の物質だと思っていてもすでにデータベースに登録されている可能性もあります．上記の検索プログラムは試料に複数の相が含まれている場合にも適切な対応をしてくれるので，未知の試料のX線粉末回折強度測定を良い装置で実施することが早道かも知れません．

3.15　JCPDSデータシステム

　JCPDSのデータベースを一欄表の形で利用することができます．既知の結晶の粉末回折強度データにはこのデータベースの集積が開始された1936年以降連綿と踏襲されている「カード番号」が付されています．歴史的に，徐々に解析精度が向上しているために，同じ物質にも複数のカードがついていることがあります．しかも，間違っていると判断されたカードは廃棄されるので，カード番号は連番になっていません．各カードの冒頭にデータの善し悪し等がマークで示されています．'★'，'i'，'O'，'C'，'R'，およびブランクの6種

類があります．信頼性が最も高いのが '★' クラスです．2.5 Å 以下の領域で記された格子面間隔の有効数字が 3 桁であり，1.2 Å 以下の領域では有効数字が 4 桁であることが保証されています．また，このクラスでは回折角 (2θ) の誤差が 0.03° 以下です．'i' クラスのデータはそれに次ぐものです．このクラスでは回折角の誤差は 0.06° 以下です．注意を要するデータが 'O' クラスのものであり，元のデータが単相の試料から得られたものでなかったり，余り良くないと判断された試料から得られたものです．通常 'O' クラスのデータには結晶の基本格子のデータが記されていないのですが，指数が各回折強度に振られている場合は単相試料から得たデータだと判断されています．

'C' クラスのデータは十分に良いと判定された結晶学パラメータから計算されたデータであり，信頼できます．'R' クラスのデータは粉末回折強度データを 'Rietveld' 法で解析したものだと言う表示ですが，例が多くはありません．ブランクのクラスは良くも悪くもないという意味であり，未知の結晶の解析に用いても良いと思われます．JCPDS データベースに取り上げられているデータは何れも '無視できない' 程良いものなので，参考にすべきです．

JCPDS データベースを検索する方法に Hanawalt（ハナワルト）インデックスを利用する方法があります．この名称はこのデータベースの整備を 1936 年から始めた Hanawalt, Rinn, Frevel[10), 11)] の 3 名に因んでいます．JCPDS の各データセットには回折線の hkl 指数，格子間隔，d (Å)，と回折角，2θ，が記されています．Hanawalt インデックスと称する 3 種類の格子間隔を回折強度の順に 3 桁の数字で記したものがあります．カード形式のデータセットでは先頭にカード番号，2 番目に Hanawalt インデックス，3 番目に，観測される回折線の中で最も長い格子間隔が書かれています．4 番目のデータが物質名と '★' 等の記号です．

物質名が分かっている場合には JCPDS データベースの物質名一覧表から目的の物質のカード番号を探すことができます．一覧表は有機物と無機物に分けて記載されており，1 行に，先頭から順に '★' 等の記号，物質名，化学式，Hanawalt インデックスおよびカード番号が示されています．

未知の試料の粉末回折強度を得た後，回折ピークの強度と回折角から試料の

Hanawaltインデックスを求め，物質名とそのカードを逆に求めるための一覧表も用意されています．

例としてLaMnO$_3$を取り上げてみます．この物質は室温では立方晶に近い斜方晶ですが，作成法によっては菱面体相になることもあるのでやっかいな系です．この物質のカードは次のように3枚あります．

QM	Chem. Name	Chem. Form.	Reflections	PDF No.
★	Lanthanum Manganese Oxide	LaMnO$_{3.00}$	2.77$_x$ 2.87$_4$ 1.60$_4$	35-1353
	Lanthanum Manganese Oxide	LaMnO$_3$	2.76$_x$ 1.99$_8$ 2.85$_7$	33-713
	Lanthanum Manganese Oxide	LaMnO$_{3.15}$	1.94$_x$ 2.75$_x$ 2.72$_x$	32-484

この表のReflectionsの欄がHanawaltインデックスであり，カード番号35-1353, 33-713および32-484番のカードがこの物質の回折強度のデータです．Hanawaltインデックスの添え字，x, 8, 7, 等は回折強度の比を示す数字で，xは10です．

32-484番のデータでは回折強度の比がよく分からないので添え字にxが並んでいます．35-1353番のカードに'★'がついているのでこちらのデータが良いことが分かります．

次に，Hanawaltインデックスから逆に物質名を割り出してみましょう．35-1353番のデータのHanawaltインデックスを利用してみます．JCPDSデータベースの一覧表の中から'Hanawalt Search Manual'と書かれたものを選びます．Hanawaltインデックスは最強ピークのd(Å)の大きい順にグループ化(Hanawalt group)されて並べられています．上記の場合，最強ピークに対する格子面間隔は$d = 2.87$ Åなので，Hanawalt groupは2.79-2.75と表現されます．

LaMnO$_3$のデータがありそうな'Hanawalt Search Manual'の頁は次のように記載されています．

	2.78$_8$ 2.87$_x$ 1.99$_x$ 2.08$_9$ 3.13$_7$ 1.39$_6$ 1.25$_6$ 4.15$_5$	oP8	IrSi	10-206
i	2.77$_x$ 2.87$_x$ 2.83$_x$ 2.67$_x$ 4.67$_8$ 3.91$_8$ 2.01$_8$ 1.95$_8$	o*28	NaCdAsO$_4$	27-659
★	2.77$_x$ 2.87$_4$ 1.60$_4$ 1.99$_3$ 3.98$_3$ 1.92$_3$ 1.38$_3$ 3.54$_2$	oP*	LaMnO$_{3.00}$	35-1353
i	2.76$_x$ 2.87$_8$ 3.98$_4$ 1.99$_3$ 1.61$_1$ 1.59$_1$ 2.14$_1$ 1.50$_1$	hP14	CaGeO$_4$	23-1039

Hanawalt インデックスの表の物質名の前に記されている $hp14$ や $oP*$ などの記号はブラベ格子と基本格子の通し番号 (hp 格子の 14 番) を示す Pearson (ピアソン) 記号 (PSC) です．＊マークは"不明"と言う意味です．Pearson 記号の最初の文字が晶系 (c：立方晶等)，2 番目の文字がブラベファミリー (I：体心格子，F：3 面心格子等) です．この 2 文字でブラベ格子が定義 (Pearson mnemonic と呼ばれる) されています．$LaMnO_3$ は空間群 $Pnma$ (No.62) に属する斜方晶ですが，JCPDS データベースに登録された時には結晶構造が斜方晶 (orthorhombic) で P 格子である事は分かっていますが他は不明と判断されたので，結晶構造の欄に $oP*$ が記されています．現在はこれは $oP20$ と記すべきことが分かっています．

与えられた試料の結晶構造が未知だとしても，化学組成などが分かっていると，X 線粉末回折強度測定を行い，検索プログラムの助けを得て，JCPDS データベースを利用すれば，手にしている試料の結晶に関するかなり重要な情報を得ることができます．

3.16 回折ピーク位置から晶系と消滅則を決定する

粉末試料の属する晶系を決定し，格子定数等；$a, b, c, \alpha, \beta, \gamma$ が何であるかを決定することが構造解析の第 1 ステップです．第 2 のステップは回折ピークの消滅則を見いだして，その結晶のブラベファミリーの候補を絞り込むことです．粉末回折強度だけからブラベファミリーを決定することは無理な場合もあるので，最終的な決定は構造解析の結果を比較することなどして行います．与えられた試料結晶に，解析の難しい変調構造がない場合（ある場合には 4 次元以上の空間対称性を考える必要がでてくるので，当面この問題は考えません）上記の 2 つの作業はそれ程困難ではありません．ただし，観測できる回折ピークの数が 10 本よりも少ないと曖昧さが残ります．そのような場合は，電子顕微鏡を利用して電子線回折図形を様々な結晶方位から撮影したり，構造像を高分解能電子顕微鏡で直接撮影するなどして適切な構造モデルを得ます．

上記のステップ 1 と 2 を同時に自動的に行う計算機プログラムがあるので，

紹介しておきます．以前はこれらのプログラムの信頼性が余り高くなかったので，粉末回折図形から晶系やブラベファミリーを見いだす「名人」が活躍していたのですが，現在はプログラムの信頼度も高くなり，手持ちの PC で手軽に解析ができます．ただし，計算機のプログラムだけに頼るのは危険であり，何時でも計算機の出した結果についてチェックできるだけの理解力を維持してもらいたいと思います．利用できる PC は Windows 系の PC であることとインターネットに接続できること程度が必要な条件です．マック系とリナックス系 PC だと動かないプログラムもあります．世界中の結晶解析用のプログラムの一覧表を次の URL で参照して下さい．

http://www.iucr.org/sincris-top/logiciel/

この site は国際結晶学会の提供しているもので，結晶解析用プログラムをほぼ全て展示しています．ただし，この site の管理が余り良くないので最新版のプログラムは各プログラムの HP を参照して入手して下さい．上記の頁には無料，有料を問わず，粉末回折強度解析，単結晶回折強度解析，あるいは結晶構造模型の作図などのためのプログラムの入手先の URL が示されています．この頁と同じようなものがイギリスのケンブリッジ大学の提供する 'Collaboration Computational Project Number 14;CCP14' の HP である下記の URL にも示されています．こちらの site は最近提供するプログラムの数をかなり絞っています．

http://www.ccp14.ac.uk/index.html

粉末回折強度分布から基本格子の晶系とブラベファミリーを絞り込む自動プログラムとして定評のあるものが数種類ありますが，特に評判の良いものとして，'DICVOL'，を推薦したいと思います．このプログラムは小さいので単独で動かすことも簡単ですが，粉末回折強度分布から回折ピークの位置を割り出し，各ピークの位置から結晶面間隔を計算してから結晶系の決定などはできます．結晶構造解析するまでが連続的に行えればもっと使い勝手が良いのですがその辺が山です．使い勝手の良いプログラムセットが何種類か提供されていて，その中でも親切なものとして，フランスのサクレーにあるレオンブリルアン研究所が提供する 'winPLOTR' を推薦します．このプログラムは元のデータと自動検出したピーク位置などを図形で表示する機能があります（多くの機能が

プルダウンメニューになっている)ので，便利です．

'winPLOTR'のダウンロードサイトには上記の2つの一覧表から飛べますが，次のサイトから直接ダウンロードもできます(将来変わる可能性があるので注意)．

http://www.cdifx.univ-rennes1.fr/winplotr/winplotr.htm

このプログラムの入力ファイルには何種類かの形式が許されていますが，最も単純には回折角 (2θ) と回折強度が1行に書かれている ASCII コードのファイル (＋＋＋＋.xy) です．第1行目に'GENERAL'，第2行目は(試料名などのコメント)を入れます．3行目は空行(ブランク)であり，4行目以降がデータになります．winPLOTR には回折ピークの自動検出と結晶面間隔の計算ルーチンがあって，回折図形を見ながら検出結果を確認できます (Point Selection メニューから Automatic peak search コマンドを起動)．結果が良ければその結果をファイルに落としておきます．図 3.17 は $LaMnO_3$ の X 線粉末回折強度を winPLOTR に入力して回折ピーク位置を調べた後に出力された図面です．決定された格子間隔とピーク強度等が DICVOL 等に手渡されます．

winPLOTR には DICVOL の他に同様な機能を持った'TREOR'や'ITO'

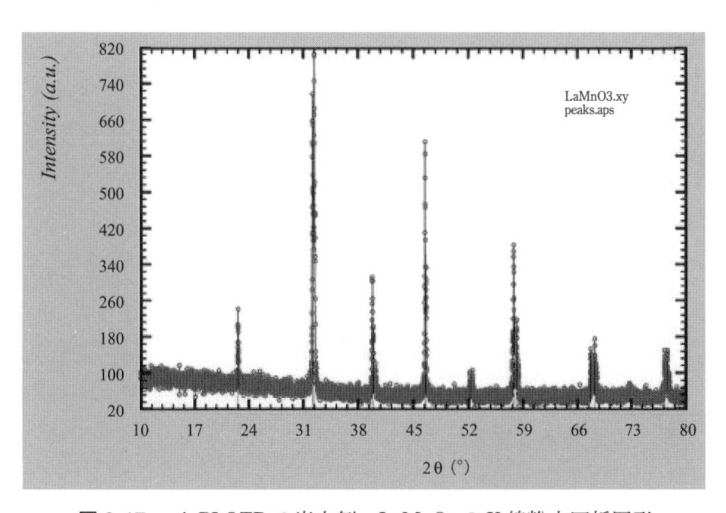

図 3-17　winPLOTR の出力例，$LaMnO_3$ の X 線粉末回折図形

も利用できるようになっています．立方晶，正方晶，斜方晶などの基本格子が格子定数と共に決定できれば次の段階として，Rietveld法による本格的な結晶構造解析になります．winPLOTRからはRietveld法の解析プログラムとして定評のある'FullPlof'も起動できるようになっています．winPLOTRはダウンロード後，解凍して利用することになります．入力するファイルの書式は[examples]の各種ファイルを参照すれば理解できます．

DICVOLの起動の前に計算に使う回折ピークの範囲や探索する晶系や格子定数等の範囲を決めておきます．晶系の候補には通常は立方晶から単斜晶までを仮定し，格子定数の候補も控えめに入れておくと計算結果を早く得ることができます．計算の終了時に幾つかの基本格子の候補について'figure of merit'を計算して出力するのでこの値の高いものを選びます．この値が5.0を越えれば基本格子が大体決まったことになります．決まらない場合もあります．金属結晶のように沢山の回折ピークが出ないものでは基本格子決定がむつかしいことが多いようです．

3.17 Rietveld法による解析

基本格子が分かり，かつ基本格子の中の各原子（イオン）の数が化学組成から推定できたら，次はその結晶に適した空間群を選んで各原子（イオン）の座標，温度因子，あるいは席占有率を決めます．粉末回折強度分布から，試料の結晶構造を最小二乗法で求める方法があります．結晶構造解析プログラムを初心者でも簡単に使えるように書いたRietveld氏[12]に敬意を表して，この方法をRietveld法と呼んでいます．Rietveld氏のプログラムが書かれる以前から粉末回折強度分布から結晶学パラメータを最小二乗法で求めるプログラムはあったのですが，Rietveld氏のプログラムの使い良さにより，一気に利用が広がりました．現在，世界で最も利用されているRietveld法のプログラムはRietveld氏のプログラムの流れを組む'GSAS（ジーザス）[13]'であり，次のサイトからダウンロードして下さい．

http://www.ccp14.ac.uk/solution/gsas/

このサイトは前節で紹介した ccp14 のサイトの一部なので，HP から順に目的の URL までたどってもたどり着けます．GSAS は $\theta - 2\theta$ 型の装置で得た粉末回折強度の解析だけでなく，飛行時間型 (Time of Flight) 装置で得た中性子粉末回折強度の解析，あるいは単結晶の回折強度測定の解析にも利用できます．このプログラムに添付されている 'Training Mannual' で練習問題 (無論英語で書いてある) に取り組めばこのプログラムを使いこなすことができます．

同趣旨のプログラムとして，泉冨士夫氏 が作った 'RIETAN' があります[14]．このプログラムには日本語のマニュアルがある点と 'GSAS' よりも簡単に使える点が好評を呼び，1990 年代から最近まで，日本で行われる粉末回折強度解析の大部分がこのプログラムによって行われてきました．外国の研究者にもこのプログラムを利用する人が沢山います．このプログラムの最新版は次のURL からダウンロードできます．

http://fujioizumi.verse.jp/download/download.html

図 3-18 は RIETAN で解析した時に図形出力された超伝導酸化物 Tl2223 の粉末中性子回折強度です．図中の点が観測値，それらを結ぶ線が計算値です．各ブラッグピークの位置が縦線で示されています．

最近の粉末構造解析で頻繁に利用されているプログラムの 1 つが Jana (Jana2000 や Jana2006 などの版があります．最新版を使って下さい) システム

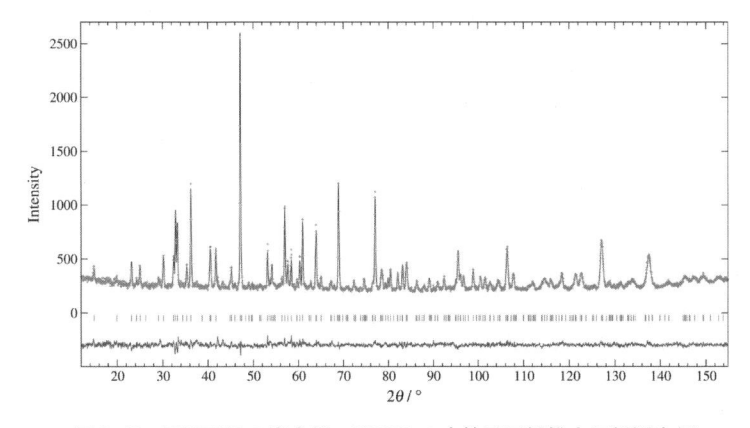

図 3-18　RIETAN の出力例，Tl2223 の中性子回折粉末回折測定例

です．このプログラムはチェコ共和国の V. Petricek 等が開発した Jana94 から発展したもので，現在は以下の URL から無料でダウンロードできます[15]．

http://jana.fzu.cz/

このプログラムは粉末X線回折強度の解析だけでなく，粉末中性子回折強度，単結晶X線回折強度，および単結晶中性子回折強度の解析も可能です．さらにこのプログラムは3次元結晶の解析だけでなく，(3+1)，(3+2)，および (3+3) 次元の変調構造をもった結晶の構造解析も可能としています．粉末回折強度分布から結晶構造解析せずに格子定数だけを決定するルーチンや，決定した構造パラメータに従ってフーリエ合成法により電子密度分布図を作成するルーチンも備えています．結晶構造解析とは次の結晶学パラメータの最適値を求めることです．

1. 空間群
2. 結晶の基本格子が属する晶系と格子定数等 ($a, b, c, \alpha, \beta, \gamma$)．
3. 各原子(イオン)ごとのサイトの席占有率，座標 (x, y, z)，および温度因子 (B ないし B_{11}, B_{22} 等)
4. 磁性結晶の場合は各原子(イオン)の磁気モーメントの大きさと方位

Rietveld 法とは粉末回折強度分布をシュミレーションし，そのシュミレーションの結果が実験値と一致するように結晶学パラメータを探す方法なので，Profile Fitting Method (プロファイル一致法) と呼ばれることがあります．粉末回折図形のシュミレーションを行うには上記のパラメータの他に，バックグラウンドを多項式で再現するための5から9個のパラメータ，回折ピークを再現するための3個から9個のパラメータ，回折ピークが散乱角度によって非対称性になることを補正する3個のパラメータ，粉末試料の中の粒子の配向性を考慮するための2個のパラメータ，回折角の系統的誤差を修正する1から4個のパラメータ，および，計算値と実験値を一致させるための尺度パラメータ1個が必要になります．

3.18 最小二乗法

これらのパラメータ群, x, を'最小二乗法'で決定します．その時，最小二乗される物理量はシュミレーションされた回折強度と実験強度の差の累積値, $S(x)$, です．

$$S(x) = \sum_i w_i [y_i - f_i(x)]^2 = \sum_i w_i r_i^2 \qquad (3\text{-}13)$$

ここで, w_i は統計的な重みですが，ブラッグピークの周辺とそれ以外で変化します．添え字の i は各散乱角度 $2\theta_i$ で測定したことを示します．変数 x は上記の全てのパラメータを意味します．適切な最小二乗法の計算によって x の最適値を試行錯誤的に探すことになります．関数, $f_i(x)$, がパラメータ x の1次関数ならば最小二乗法の計算は単純です．仮に，各回折角における強度, $f_i(x)$, がパラメータ, x, の1次関数であり，その係数を最小二乗法で決めることにします．即ち，

$$f_i(x) = a_1 x_{1i} + a_2 x_{2i} + \cdots + a_n x_{ni} \qquad (3\text{-}14)$$

と置いて，$S(x)$ の係数 a_i に関する極小条件から係数そのものを決定します．

$$\begin{aligned}
\frac{\partial S}{\partial a_1} &= -2x_{1i} \sum_{i=1}^{N} w_i [y_i - f_i(x)] = 0 \\
\frac{\partial S}{\partial a_2} &= -2x_{2i} \sum_{i=1}^{N} w_i [y_i - f_i(x)] = 0 \\
&\vdots \qquad\qquad\qquad \vdots \\
\frac{\partial S}{\partial a_n} &= -2x_{ni} \sum_{i=1}^{N} w_i [y_i - f_i(x)] = 0
\end{aligned} \qquad (3\text{-}15)$$

…

従って，解くべき1次方程式は次のようになります．

$$\sum_{i=1}^{N} w_i x_{1i} y_i = \sum_{i=1}^{N} w_i [a_1 x_{1i}^2 + a_2 x_{1i} x_{2i} + \cdots + a_n x_{1i} x_{ni}]$$

$$\sum_{i=1}^{N} w_i x_{2i} y_i = \sum_{i=1}^{N} w_i [a_1 x_{2i} x_{1i} + a_2 x_{2i}^2 + \cdots + a_n x_{2i} x_{ni}]$$

$$\vdots \qquad \vdots \qquad (3\text{-}16)$$

$$\sum_{i=1}^{N} w_i x_{ni} y_i = \sum_{i=1}^{N} w_i [a_1 x_{ni} x_{1i} + a_2 x_{ni} x_{2i} + \cdots + a_n x_{ni}^2]$$

この $a_1 \sim a_n$ に関する1次方程式を解きます．その際に，右辺の n 行 n 列の正方行列を正規行列と呼び，方程式(3-16)を正規方程式と呼びます．解は従来の行列式の解法で求めればよい訳です．得られた係数 $a_1 \sim a_n$ の標準偏差は，次式で求めることができます．

$$\sigma_p = \sqrt{\frac{m_{pp}^{-1} \sum_i (w_i r_i^2)}{N-n-1}} \qquad (3\text{-}17)$$

ただし，m_{pp}^{-1} は正規行列の逆行列の第 pp 成分です．r_i^2 は(3-13)式の右辺に示した偏差の二乗です．

粉末回折ピークの観測値に対して，各種のパラメータの寄与は実際には(3-14)式のような1次関数の形になっておらず，最小二乗計算は大変複雑になりそうです．しかし，それぞれのパラメータの予測値が真の値にかなり近い場合には $f_i(\boldsymbol{a})$ を Tayler 展開ができて，回折強度 $f_i(\boldsymbol{a})$ を各パラメータの線形関数の総和で近似することができます．即ち，各パラメータの修正値 ξ_p がかなり小さい値であると仮定できる場合，

$$a_p = a_{p0} + \xi_p \qquad (3\text{-}18)$$

$$f_i(\boldsymbol{a}) = f_{i0}(a_{10}, a_{20}, a_{30}, \cdots, a_{n0}) + \frac{\partial f_i}{\partial a_1} \xi_1 + \frac{\partial f_i}{\partial a_2} \xi_2 + \cdots + \frac{\partial f_i}{\partial a_n} \xi_n \qquad (3\text{-}19)$$

この式では2次以降の展開項を省略しています．最小二乗法の計算は(3-16)式で x_{1i} 等とした所を $\dfrac{\partial f_i}{\partial a_1}$ 等と置けば良い訳です．さらに，この偏微係数を数学

的に求めることが困難でも，数値的な差分 $\frac{\Delta f_i}{\Delta a_1}$ から近似的に求めることができます．このような場合には数値計算の精度に注意する必要があります．1次関数で近似して解を求める数値計算法は非線形方程式の'Gauss-Newton 法による数値解法'と呼ぶものです．実際の最小二乗法の計算はパラメータが多くなると正規方程式の大きさが大きくなり，急に精度が悪くなります．しかも，あるパラメータは回折強度に大きな寄与をしますが，あるパラメータは余り寄与が大きくありません．このような場合には正規方程式の各項の絶対値がパラメータごとに大きく違ってきて誤差が大きくなります．

　上記のような正規方程式をそのまま解くやり方は full matrix 法と呼ばれて最小二乗法の基本的なものですが，各パラメータが真の値から少し遠い場合には，計算が実行できずに壁に突き当たってしまいます．具体的には正規行列の値，(determinant)，がゼロになることがしばしば起きます．特に，非対角要素の寄与が大きく利くので行列の値がゼロになったり，標準偏差が大きな値になることが多発します．非対角要素を無視することができれば，各パラメータの修正値，ξ_i を求めることができるという場合もあります．

　非対角項を無視しても正しい修正値を得る保証はありませんが，とにかく計算をしてみて各パラメータの予測値を真の値に近づける努力（対角化法）を行い，最後に full matrix 法できちんと計算するという手法が採られます．上述の RIETAN や Jana でもそのような便法 (Levenberg-Marquardt のアルゴリズム) を使って計算が発散するのを防ぐ工夫がされています．

　計算法の詳細は泉氏の解説を参照するか，16) の解説を参照して下さい．

　実際の計算では全てのパラメータを同時に動かして最適値を求めるよりも，バックグラウンドの値を多項式できちんと評価したり，回折強度を計測した回折系の回折角度の誤差等を始めに求めて，同時に最適化するパラメータの数をできるだけ少なくしてから最小二乗計算しています．計算が収束するからと言っても，いつも正しい値に収束している保証はなく，計算に当たってはプログラムの能力を信用しすぎないことが必要です．プログラムが出す値やその誤差（標準偏差）にも注意して下さい．

3.19 R因子など

　最小二乗法によって結晶学パラメータの最適値を計算する場合，Rietveld法では (3-13) 式の最小値を求めるようになっていますが，次の5種類の R 因子 (R-factor) と呼ばれる計算の信頼性のパラメータと S と表現される指標 (goodness-of-fit) が出力されますので注意して下さい．R 因子 (R-factor) が小さいほど計算結果が信頼できます．

$$R_{wp} = \sqrt{\frac{\sum_i w_i [y_i - f_i(x)]^2}{\sum_i w_i y_i^2}} \tag{3-20}$$

$$R_p = \frac{\sum_i |y_i - f_i(x)|}{\sum_i y_i} \tag{3-21}$$

$$R_B = \frac{\sum_k |I_{ko} - I_{kc}|}{\sum_k I_{ko}} \tag{3-22}$$

$$R_F = \frac{\sum_k |F_{ko} - F_{kc}|}{\sum_k |F_{ko}|} \tag{3-23}$$

$$R_e = \sqrt{\frac{N - p}{\sum_i w_i y_i^2}} \tag{3-24}$$

$$S = \frac{R_{wp}}{R_e} = \sqrt{\frac{\sum_i w_i |y_i - f_i(x)|^2}{N - p}} \tag{3-25}$$

ここで，R_{wp} と R_p は粉末回折に特有のもので，粉末回折図形の観測値と計算値に関する R-factor であり，十分に良い結果が得られたと言えるのは，これらの値が 0.05 以下 (5％以下) 程度の場合です．粉末回折の場合に注意を要する点があります．観測された粉末回折強度の質が良い場合にこれらの値が必ずしも低くなるわけではなく，むしろ試料の質がやや低かったり，回折装置の分解能が余り高くない場合に低い R_{wp} 値が出ることがあります．R_B と R_F は粉末回折強度の解析のみならず，単結晶の回折強度の解析にも登場する因子であり，それぞれ Bragg 反射強度，I_k，に関するパラメータと I_k から計算される構造因子，

F_k に関するパラメータです．この因子の低いことが，結晶学パラメータの信頼度に直接関係しています．R_e は測定された粉末回折図形が完全にシュミレーションで再現できた場合に予測される R 因子です．最後の S は予想された R_e 因子と最小二乗計算の結果得た R_{wp} の比であり，最小二乗計算の成功の度合いを示す因子です．この値が 1.3 以下ならば一応最小二乗計算は成功したと言えます．統計学を御存知の読者は S^2 が標準化された χ^2 になっている事が分るはずです．最近の論文では S と書かずに χ と書く例も散見されます．

【参考文献】

1) Th.Hahn, editor : International Tables for Crystallography Vol.A, International union of Crystallography, John Wiley & Sons, 2005, London, p.477.
2) E.Prince, editor : International Tables for Crystallography Vol.C, International union of Crystallography, John Wiley & Sons, 1999, London, p.500.
3) 同文献，Vol.C, 1999, pp.219
4) 同文献，Vol.C,1999, pp.441.
5) 同文献，Vol.C, 1992, pp.392.
6) 同文献，Vol.C, 1999, pp.591
7) 同文献，Vol.C, 1999, pp.223.
8) 同文献，Vol.C 1999, pp.206 〜 208.
9) 同文献，Vol.C 1999, pp.78
10) J.D.Hanawalt, H.W.Rinn ; Ind. Eng. Chem. Anal. Ed., **8** (1936) 244-247.
11) J.D.Hanawalt, H.W.Rinn, L.K.Frevel ; Ind. Eng. Chem. Anal. Ed., **10** (1938) 457-512.
12) H.M.Rietveld ; J.Appl.Cryst., **2** (1969) 65-71.
13) A.C.Larson, R.B.Von Dreele, LANSCE, MS-H805, Los Alamos NL, NM 87545.
14) 泉冨士夫：日本結晶学会誌，**34** (1992) 76.
15) V. Petricek, M.Dusek and L.Palatinus ; Z.Kristallogr. 229 (2014) 345-352.
16) 2) と同文献 Vol.C 1999 pp.704.

練習問題解答例

問題 1 (p.16)

1. 正方晶の格子面間隔：$d_{hkl} = \dfrac{1}{\sqrt{\dfrac{h^2+k^2}{a^2}+\dfrac{l^2}{c^2}}}$

2. 六方晶の格子面間隔：公式で覚えるよりも，逆格子ベクトル，G_{hkl}，の長さから求めてほしい．式 (2-5) から計算する．

$|G_{hkl}| = 2\pi\sqrt{\dfrac{4}{3}\dfrac{(h^2+hk+k^2)}{a^2}+\dfrac{l^2}{c^2}}$ なので，$d_{hkl} = \dfrac{1}{\sqrt{\dfrac{4}{3}\dfrac{(h^2+hk+k^2)}{a^2}+\dfrac{l^2}{c^2}}}$

問題 2 (p.21)

1. 立方晶の 021 法線を回転軸とした 30 度回転後の投影図

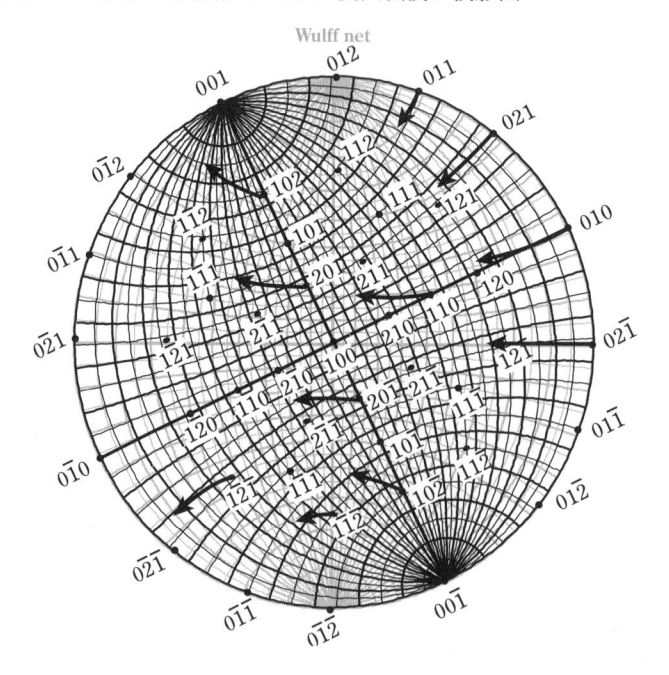

先ず，標準投影図の 012 軸とウルフネットの北極を一致させ，全ての面法線を緯線に沿って 30 度移動する．

2. 同様の回転を 120 法線を中心に行う．：① 120 法線ベクトルは標準投影図の赤道にあるので，右方向に約 27 度移動して縁に持ってくる．他の面法線ベクトルも同様に右方向に約 27 度移動する．②ウルフネットの北極と移動した 120 を一致させて残りの面法線を緯線に沿って 30 度回転する．③ 120 が元の場所に収まるように約 27 度逆回転すると同時に残りのベクトルも同じ方向に移動する．

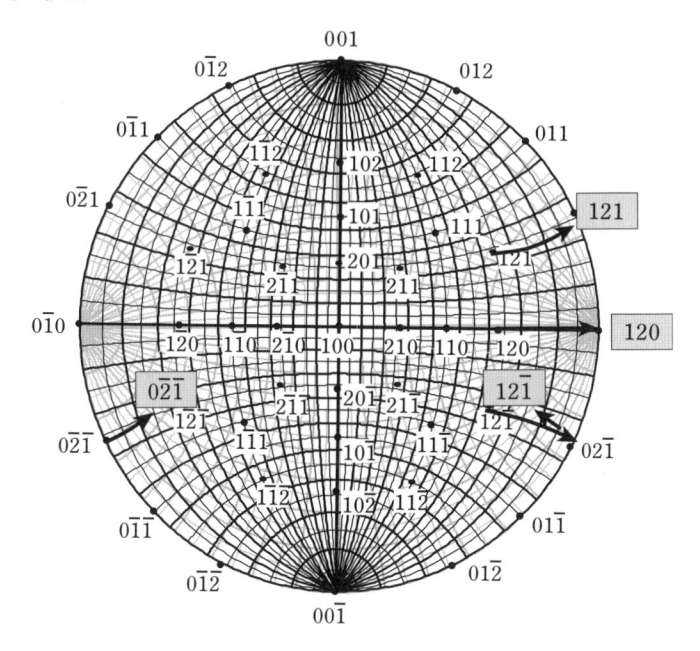

3. 正方晶の標準投影図を作図：図 2-12 を利用する．c 軸長が a 軸長の 2 倍なので，逆格子は逆に c^* 基本ベクトル長が a^* 基本ベクトルの半分になる．すると，立方晶の 201 が正方晶の 101 に，$20\bar{1}$ が $10\bar{1}$ になる．一方，110 や $1\bar{1}0$ はそのまま維持される．

図のようになる．立方晶の 111 は正方晶の 112 になる．

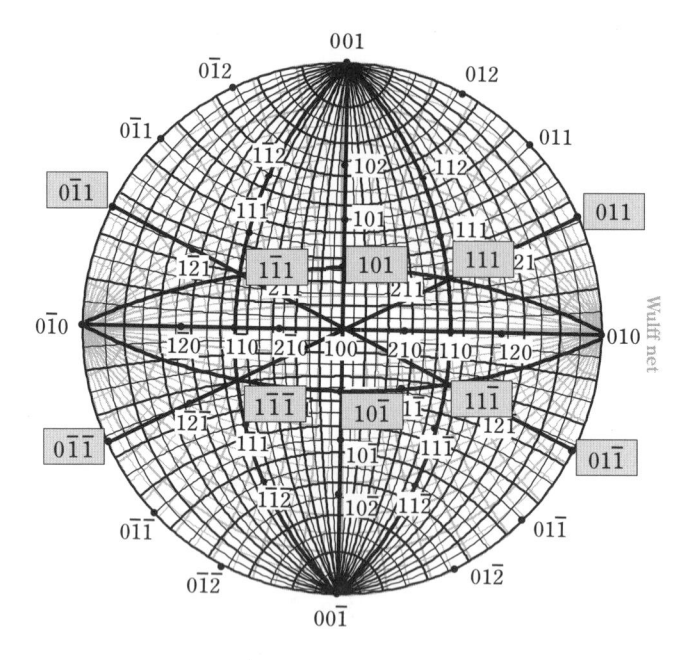

4. 正方晶の面法線ベクトル間の角度を求める：正方晶の任意の2本の逆格子ベクトルを求めてその間の角を内積から計算する.

	100	001	110	011 101	210 120	201 102	111	121 211	112
100	90	90	45	90 26.565	26.5651 63.435	14.0362 165.9637	48.1897	29.2059	54.7356
001	90	0	26.565 90	63.435	0 90	45 75.9638	70.5289	77.3956	54.7356
110				50.7685	18.435 108.435	46.6861 60	19.4712 90	22.2077 107.9753	35.2644 90
011 101					66.4218 36.8699	12.2589 18.435 71.5651	41.8103 116.565	72.9761 60.7941 107.0239	39.2315 104.9632
210 120						29.805 50.7685 129.2315	26.5651 72.6539	38.6735 125.8412	39.2315 75.0368 140.7685
111							38.9424 83.6207	18.9838 102.6044 36.8573	15.7932 78.9042 54.7356
121 211								44.4153 121.5881 87.2706	28.1255 67.7924 50.9542 129.0458

5. 正方晶の標準投影図：問3の解答の図面を使って各面法線ベクトルの終点をプロットする．
6. 立方晶の[110]標準投影図：図2-12を使えば簡単にできる．①北極を回転軸として45度時計回りに回転する．中心に110点が来る．他の点も同様に緯線に平行に45度移動する．

問題3 (p.25)

1. β 角は ac 軸間の角度であり，90度なら立方晶，それ以外なら単斜晶になる．

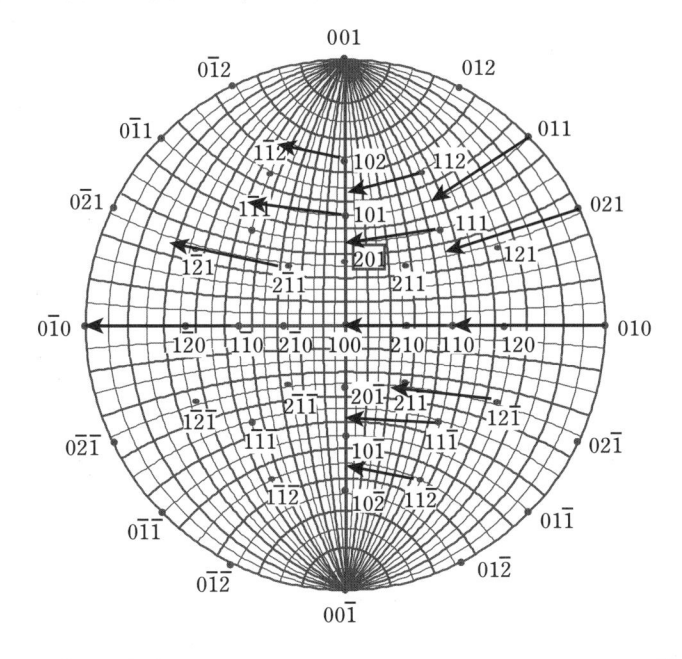

2. 正方晶の中で反転中心が001/2, 1/2 0 0, 0 1/2 0, 1/2 1/2 1/2 以外の任意の場所にあると，4回転操作，2回転操作あるいは鏡映操作などができなくなる．
3. 3/m 操作は6回回反操作と同じになる．
4. 3回回反操作は6回回映操作 6/m に含まれる．

問題 4 (p.31)

1. 正方晶と立方晶に C 格子がない理由：正方晶の場合，C 格子を定義できるが，最小繰り返し体積は a 軸を C 格子の [110] 方向に取った P 格子になる．
立方晶は a, b, c 軸方向から見た対称性が等しくなるべきなので，C 格子は定義できない．

2. 単斜晶に F 格子が定義されていない理由：必要があれば，単斜晶でも F 格子を定義できるが，その格子は最小繰り返し体積にならない．F 格子の (101) 面と ($10\bar{1}$) 面に平行な面を新しい基本格子の境界に取れば最小繰り返し体積をもった I 格子か C 格子が定義できる．

問題 5 (p.35)

1. 体心立方晶，面心立方晶，六方稠密格子の逆格子：

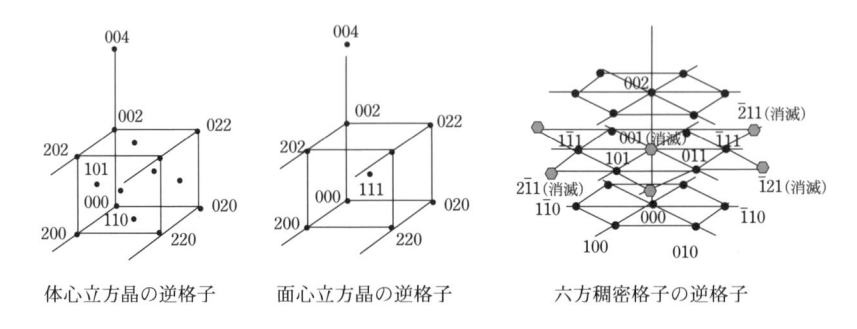

体心立方晶の逆格子　　面心立方晶の逆格子　　六方稠密格子の逆格子

体心立方晶と面心立方晶の逆格子（体心立方晶の逆格子が面心立方晶になるわけではない．各逆格子点の hkl 指数に注目！）はすでに学習していると思われるが，六方稠密格子の逆格子はやや複雑である．l 指数が奇数の場合に特別な消滅則が現れる．

3. 三方晶の (111) 逆格子面：下図の通りである．

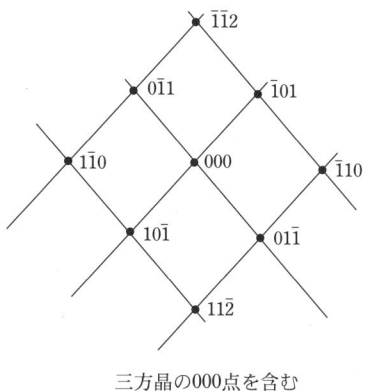

三方晶の000点を含む
(111)逆格子面の逆格子点

問題6 (p.40)

1. 2D 格子の Laue 関数の分布図．：式 (2-15) を使って作図する．
   a 軸方向の Laue 関数は b 軸方向よりも鋭くなっている．

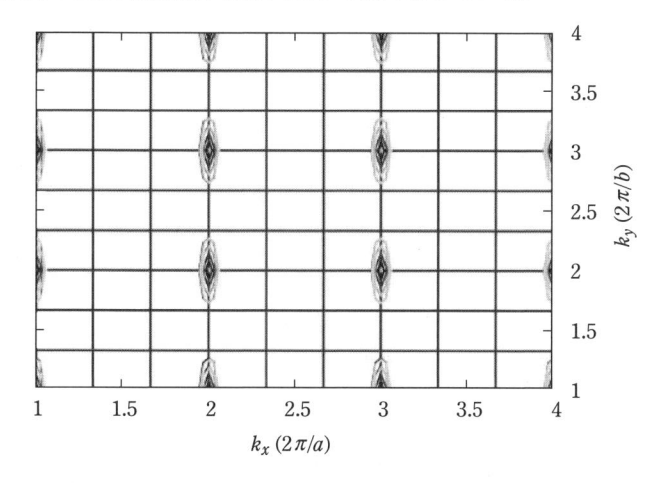

2. Laue 関数の広がり：基本格子の繰り返し数が Laue 関数の広がりと関係していたが，それ以外にも回折装置の回折角に依存した角度分解能の低下が見かけの Laue 関数の半値幅に影響する．高回折角の Bragg ピークの幅が広がる．粉末回折ピークは試料表面が荒れていたり，盛り上がっていると正規の角度

問題 7 (p.54)

1. LSCO のイオン間距離：

イオン名	第1隣接 (Å)	第2隣接 (Å)
Cu-O1	1.885	4.215
Cu-O2	2.414	3.241
La(Sr)-O1	2.636	4.600
La(Sr)-O2	2.353	2.726

2. I 格子であり，特別な serial reflection condition や zonal reflection condition がないので，$h+k+l=2n$ のルールだけを考えれば良い．c 軸長が a 軸長よりも約3倍長いので，逆格子は逆に c^* 軸長が a^* 軸長の 1/3 程度になる．

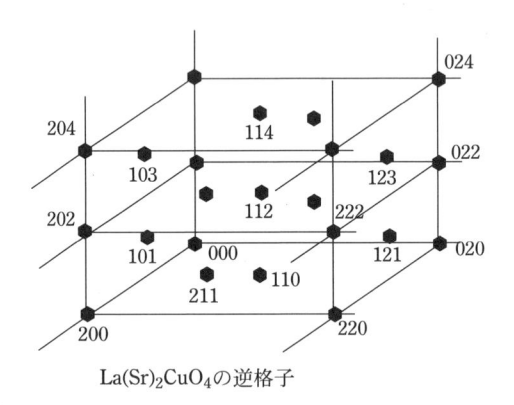

La(Sr)$_2$CuO$_4$ の逆格子

3. TiO$_2$ の基本格子を VESTA を使って描くと次のようになる．

練習問題解答例　　　　　　　　　　　　　　　　　　　　　　　　　　　　　　　　　　　　　　　107

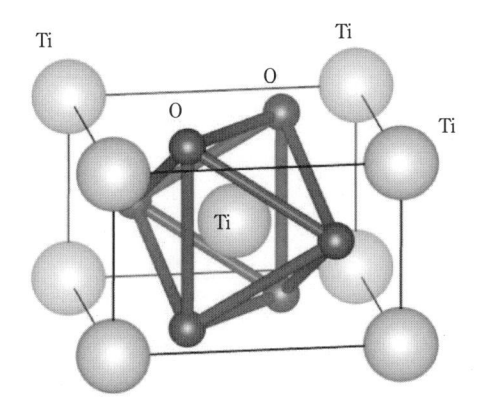

4. 各イオン間距離は次のようになる.

イオン名	第1隣接 (Å)	第2隣接 (Å)
Ti-O	1.945	1.985
Ti-Ti	2.959	3.569
O-O	2.525	2.779

5. International Tables の No.136 space group の回折条件 (reflection condition) は次のように書かれている.

$0kl: k+l=2n$

$h0l: h+l=2n$

$00l: l=2n$

$h00: h=2n$

$0k0: k=2n$

$h+k+l=2n$（Ti のみ）

このルールに従って逆格子を描くと右の図が得られる.

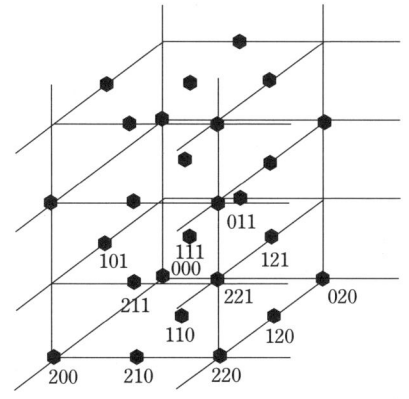

TiO$_2$ の逆格子

6. 逆格子ベクトルの長さ $|G_{khl}|$ から回折角あるいは波数 ($\sin\theta/\lambda$) が分かる．逆格子の図面からも推定できる．000 点からの距離が短い方から順番に 110, 011 (101), 200 (020), 111, 210 (120), 211 (121) である．

問題 8 (p.62)

1. bending magnet 由来の X 線の電場ベクトルは水平方向に偏光しているので，縦型のゴニオメータを用い，Wiggler 由来の X 線の電場ベクトルは縦方向に偏光しているので，従来の形式の水平ゴニオメータを用いる．右図は図 3-7 の一部だが，X 線発生管に換わって放射光が入射する．図示した光学系が垂直面になるものが，bending magnet 由来の X 線を使う回折装置で，水平面になるものが，Wiggler 由来の X 線を使う回折装置である．

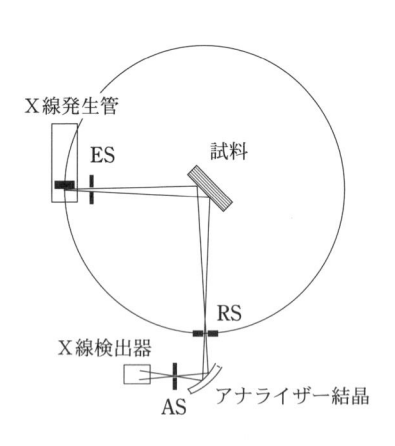

2. International Tables には原子散乱因子の近似関数の各パラメータが次のように与えられている．

イオン名	$a1$	$b1$	$a2$	$b2$	$a3$	$b3$	$a4$	$b4$	c
Fe^{2+}	11.0424	4.6538	7.3740	0.3053	4.1346	12.0546	0.4399	31.2809	1.0097
Cu^{2+}	11.8168	3.3748	7.1118	0.24078	5.17814	7.9876	1.1452	19.897	1.1443
Ga^{3+}	12.6920	2.81262	6.6988	0.22789	6.0669	6.3644	1.0066	14.4122	1.53545

この表の値を用いて原子散乱因子を $\sin\theta/\lambda$ の関数として描くと次の図のようになる．

練習問題解答例

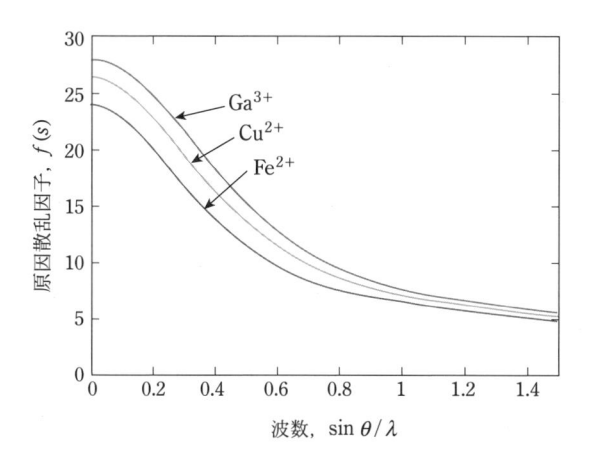

3. International Tables には Fe の K_α 線に対する異常分散項の値があるので，それらを図 3-4 の中にプロットすると下図が得られる．

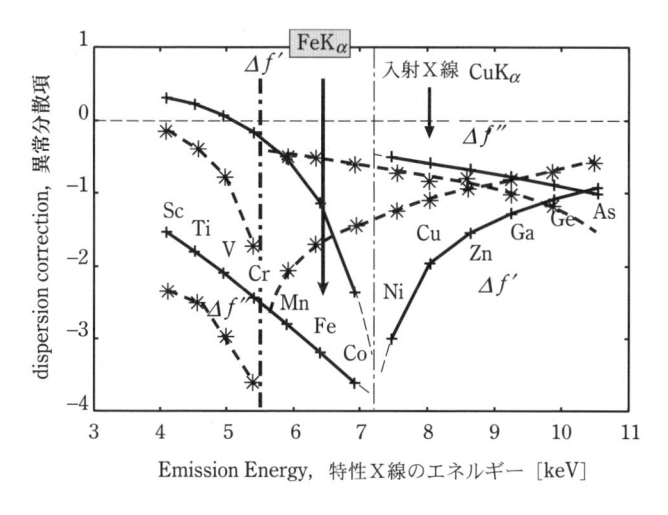

4. 特性 X 線を出す金属の原子番号の 2 番前ないし 1 番前の原子番号の金属を選ぶ．問題の X 線は Cu 由来のものなので，K_β 線に対するフィルターは Ni である．

問題 9 (p.74)

1. および 2. VESTA を使って CuK$_\alpha$ 線を用いた La(Sr)$_2$CuO$_4$ の粉末 X 線回折強度分布と波長 1.54 Å の非偏極中性子を使った粉末中性子回折分布強度を計算した結果を示す.

Cu Kα (1.54Å) radiation

h	k	l	d	F(real)	F(imag)	|F|	M
0	0	2	6.610000	25.154901	-4.892746	25.6263	2
1	0	1	3.625462	-61.191208	-20.460633	64.5213	8
0	0	4	3.305000	-102.013062	-30.367709	106.437	2
1	0	3	2.864691	175.022864	30.455508	177.653	8
1	1	0	2.665793	215.426047	34.915330	218.237	4
1	1	2	2.472306	-24.622020	-5.138016	25.1524	8
0	0	6	2.203333	160.289054	18.770967	161.384	2
1	0	5	2.164700	108.940119	12.252570	109.627	8
1	1	4	2.074944	-131.452801	-30.505095	134.946	8
2	0	0	1.885000	224.581904	34.994103	227.292	4
2	0	2	1.812731	14.983261	-4.884108	15.7592	8
1	1	6	1.698324	106.734903	18.427452	108.314	8

Neutron (1.54Å) radiation

h	k	l	d	F(real)	F(imag)	|F|	M
0	0	2	6.610000	17.379105	0.000000	17.3791	2
1	0	1	3.625462	3.785748	0.000000	3.78575	8
0	0	4	3.305000	4.929516	0.000000	4.92952	2
1	0	3	2.864691	22.060413	0.000000	22.0604	8
1	1	0	2.665793	47.214772	0.000000	47.2148	4
1	1	2	2.472306	-27.982880	0.000000	27.9829	8
0	0	6	2.203333	72.210042	0.000000	72.21	2
1	0	5	2.164700	44.223725	0.000000	44.2237	8
1	1	4	2.074944	-40.303349	0.000000	40.3033	8
2	0	0	1.885000	90.716446	0.000000	90.7164	4
2	0	2	1.812731	16.986772	0.000000	16.9868	8
1	1	6	1.698324	26.808565	0.000000	26.8086	8

表中の F は構造因子, M が多重度を示す. X 線の場合, 最強ピークが 103 であり, 中性子の場合は 110 が強い強度を示す.

VESTA を用いて X 線回折強度分布と中性子粉末回折強度分布をシミュレーションした結果を示す.

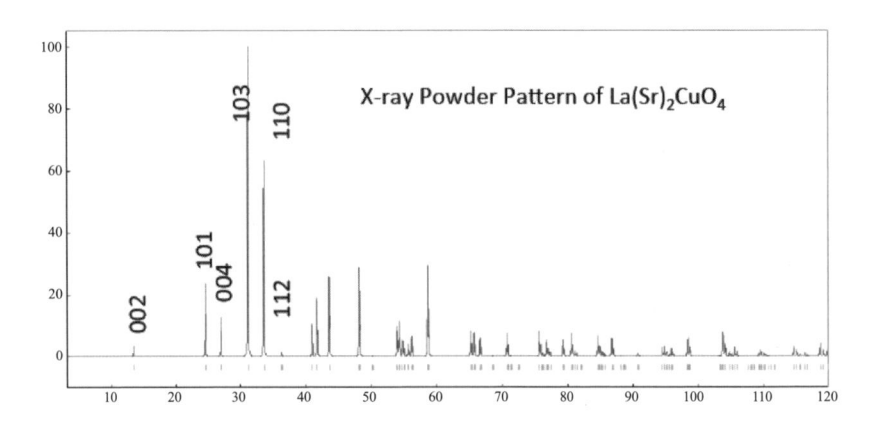

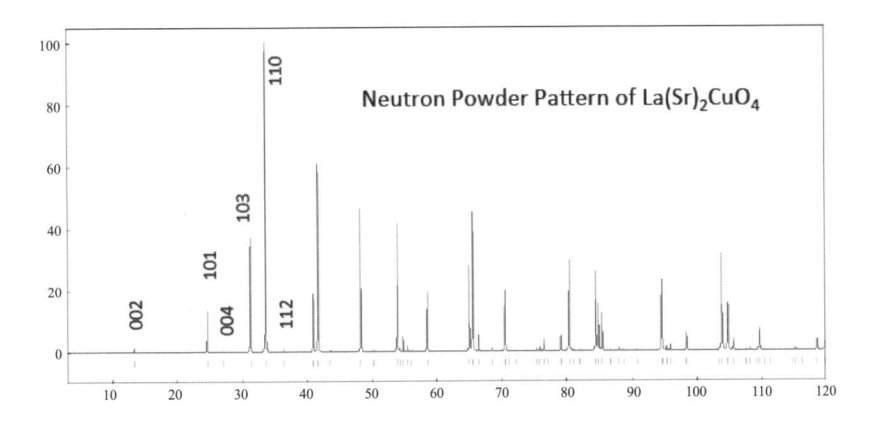

X線の場合と中性子の場合とで最強ピークの指数が違っている.

3. 金属 Al の格子定数が 4.0497 Å なので，次の表が得られる．

Diffraction data, Pure Al

hkl	theta	2theta	sin-theta	sin2theta
111	19.5521079	39.1042158	0.334664011	0.112
200	22.70615733	45.41231466	0.386005181	0.149
220	32.83473313	65.66946625	0.542217668	0.294
311	39.40684384	78.81368769	0.63482281	0.403
222	41.49622882	82.99245764	0.662570751	0.439
400	49.7776657	99.55533141	0.763544367	0.583
331	56.22881119	112.4576224	0.831264098	0.691
420	58.50030545	117.0006109	0.85264295	0.727
422	69.03663912	138.0732782	0.933809402	0.872
333	82.07709621	164.1541924	0.990454441	0.981

従って，それぞれ指数が 111 から 333 まで決まった．

4. 指数が決まったので，回折角から面間隔 d_{hkl} を計算し，格子定数を別々に計算することができる．

hkl	$\sin^2\theta$	d_{hkl}	a
111	0.112	2.303561111	3.989884882
200	0.149	1.997172674	3.994345347
220	0.294	1.421788785	4.021425965
311	0.403	1.214384531	4.027657839
222	0.439	1.163527063	4.030575979
400	0.583	1.009658421	4.038633686
331	0.691	0.927405625	4.042467399
420	0.727	0.904152201	4.043491568
422	0.872	0.825563544	4.044418868
333	0.981	0.778348774	4.044418868

この表を使って，$\sin^2\theta$ を横軸とし，格子定数 a を縦軸としてプロットして最小二乗法を施した結果を示す．EXCEL を使っている．

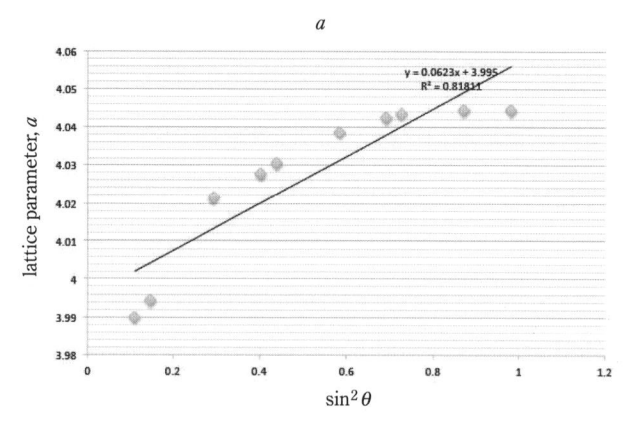

格子定数の横軸 =1.0 の所に対する外挿値は 4.057 ± 0.006 Å になる．

5. Nelson-Riley の式の値を横軸に取り，縦軸を格子定数 a としてプロットして最小二乗法を施した結果を示す．

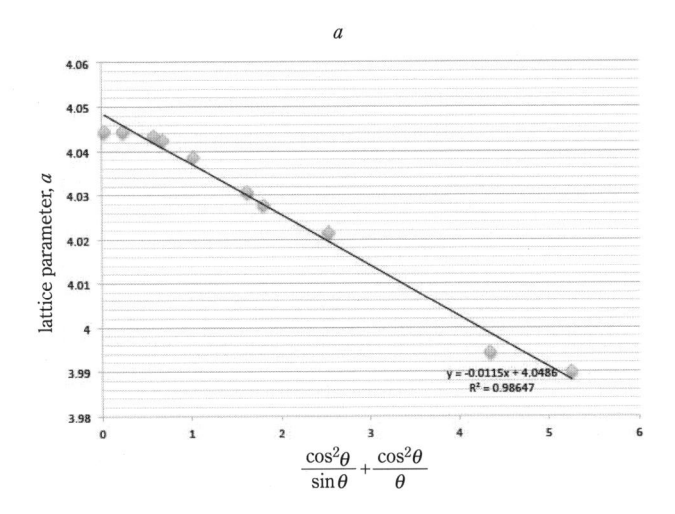

横軸の値が 0 の箇所に注目する．これが格子定数の推定値になる．計算の結果，内挿値は 4.049±0.001 Å になる．

従って，真の値 4.0497 Å に対する推定値を求める方法として Nelson-Riley の式を使う方が $\sin^2\theta$ を使うよりも良いことが分かる．

114   練習問題解答例

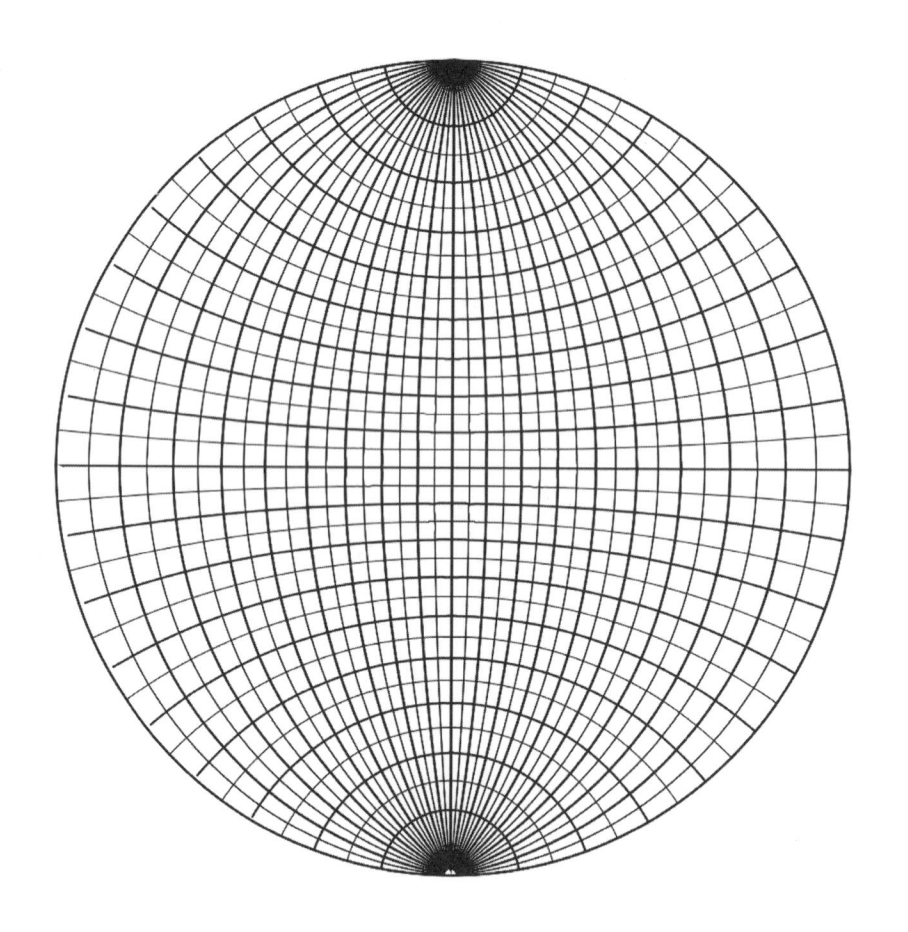

ウルフネット（5度間隔）

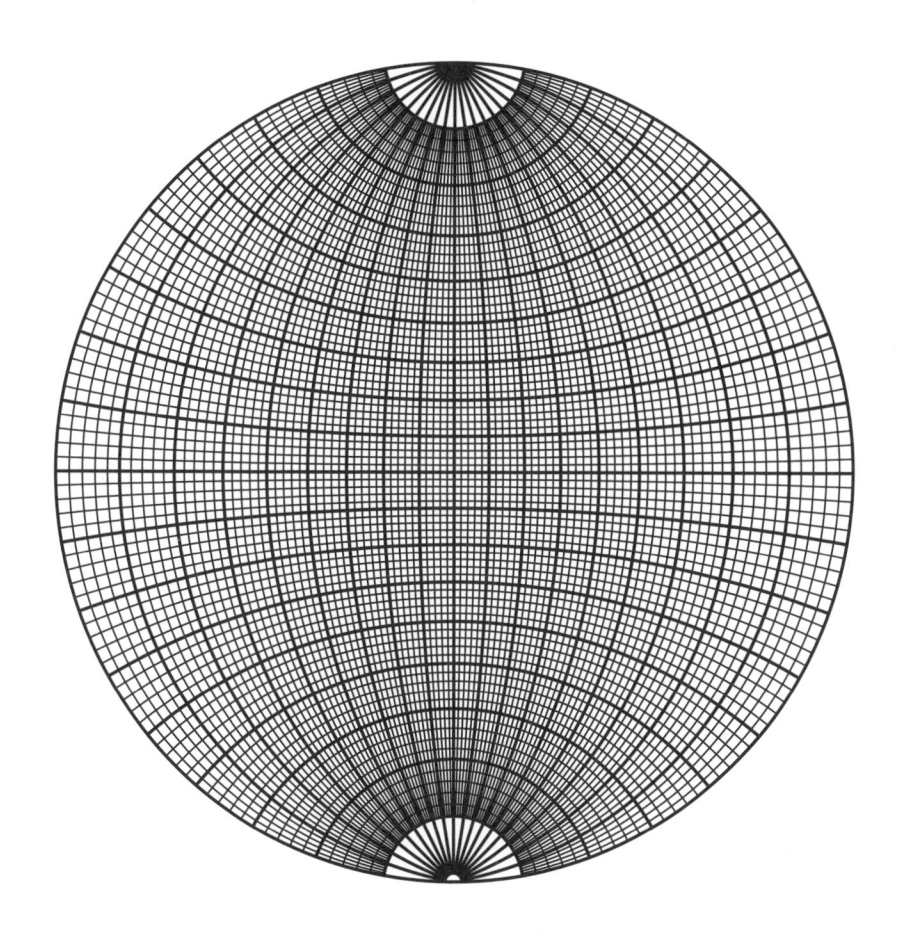

ウルフネット（2度間隔）

索 引

アルファベット

ASTM カード	85
A 面心格子, A	27
balanced filter	83
B 面心格子, B	27
C 面心格子, C	28
DICVOL	90
EELS (Electron Energy Loss Spectroscopy)	2
GSAS	92
$I4/mmm$ (No.139)	48
integral reflection condition	27
Jana	93
JCPDS データベース	85, 86
K_α 線	81, 83
K_β 線	81, 83
L 線	81
RIETAN	93
R 因子 (R-factor)	98
serial reflection condition	27, 46
winPLOTR	90
X 線管球	57, 75
zonal reflection condition	27, 46

ア行

異常分散効果	60
一般位置	51
緯度経度	18
ウルフ (Wulff) 網	17
映進	44
エワルト (Ewald) 球	42
エワルト (Ewald) 構築	34
温度因子	52, 72

カ行

回折と逆格子	33
回転群	25
回転対称性	22
回反操作	22
核スピン	66
核力	55
干渉性散乱	55, 58
幾何学因子	70
疑似六方晶	29
軌道放射光 (Synchrotron Orbiter Radiation ; SOR)	57
基本ベクトル	7
逆空間	34
逆格子	31, 35
吸収係数	71
吸収端	61
吸収補正	70, 71
鏡映操作	22
空間群 (space group)	47
結晶角	10
結晶学	7
結晶系 (晶系)	9
結晶軸	11
結晶点群	25
限界球	42
原子形状因子 (atomic form factor)	35, 58
原子座標	50
原子散乱因子 (atomic scattering factor)	35, 58
格子定数	10
構造因子	39
国際記号	25, 47
コンプトン散乱 (Compton scattering)	55, 58
コンボリューション定理	73

索 引

サ行

最小二乗法	95
三斜晶	10
三方晶	10
三面心格子, F	27
散乱断面積	58
散乱長	63
シェーンフリース (Schönflies) 記号	25, 47
磁気形状因子	64
磁気構造因子	64
磁気散乱	55, 63
軸映進, a, b, c-glide	44
自己相関関数	66
自動解析	85
晶帯	20
斜方晶	10
消滅則	27, 46, 89
シンクロトロン放射光 (Synchrotron Radiation; SR)	78
垂線の方程式	15
ステレオ投影法	17
正規方程式	96
制動輻射 (Bremsstahlung)	80
正方晶	9
全角運動量	81
線吸収係数	70
線状光源, 点状光源	77
走査型電子顕微鏡	2
走査トンネル顕微鏡	5
走査トンネル顕微法	5

タ行

ダイアモンド映進, d-glide	44
対角映進, n-glide	44
対称心	24
体心格子, I	27
多項式展開	59
多重度	51, 74
単位格子 (基本格子)	8
単斜晶	10

単純格子, P	27
中心対称性	24
中性子回折	62
調和振動子	73
直線偏光	80
ディフラクトメータ	68
底面心格子	28
デバイ – シェーラー (Debye-Scherrer) 型中性子回折計	67
デバイの円錐 (コーン)	42, 69
デバイリング (環)	42
電界イオン顕微鏡	4
電界イオン顕微法	4
電気双極子振動	56
点群操作	22, 25
電子雲	58
電子線回折図形	3
電子密度分布	58
投影球	17
透過型電子顕微鏡	1
特殊位置	51
特性 X 線	61, 80
トムソン散乱 (Thomson scattering)	56, 78

ナ行

二重映進, e-glide	44
熱振動振幅	72
熱中性子	62

ハ行

白色 X 線	80
ハナワルト (Hanawalt) インデックス	87
非干渉性散乱	55, 65
非等方性熱振動	73
非偏極中性子	64
標準投影図	20
フーリエ変換	35
フィルター	83
付加的並進操作	28
付加的並進ベクトル	8

ブラッグ-ブレンターノ		面間隔	15
（Bragg-Brentano）型回折計	67, 71	面指数	13
ブラベ格子	30	モノクロメータ (monochromator)	84
ブラベファミリー	27, 28		
プリミティブセル	8	**ラ行**	
フルマトリックス (Full Matrix) 法	97	ラウエ (Laue) 関数	35, 36
分布関数	58	ラウエ (Laue) 単位	39
粉末回折装置	67	らせん軸	44
並進対称性	7, 24	リートベルト (Rietveld) 法	92
平面の方程式	15	立方晶	9
ヘルマン-メーゲン		菱面体	28
（Hermann-Mauguin）記号	48	ローレンツ (Lorentz) 因子	67, 68
偏光因子, P	56	ローレンツ偏光因子	
方位指数	12	（Lorentz-Polarization factor）	70
ボロノイタイプ	27	六方晶	10
マ行		**ワ行**	
マルカル (Marquardt) 法	97	ワイコフ記号 (Wyskoff letter)	51
ミラー指数	14		

あとがき

　私が結晶学と出会ってほぼ半世紀になります．最初はその複雑さに辟易しましたし，化学分野の先生と物理分野の先生の教える内容にズレがあって困った事もありました．高等学校の化学の教科書の欄外や大学の有機化学の授業で突然出てきたp電子やsp^{3}混成軌道電子密度分布が結晶学の取り扱う範囲だと知り，この学問分野の広さを痛感したものです．

　本書は応用物理学科の専門科目の授業用に書いたものなので，物理寄りの記述になりました．本書の対称操作（点群操作）の説明は化学分野の授業には多少不十分だと思います．DNAを始め，分子レベルの対称性には八回回転対称も五回回転対称も許されていますし，六回を超える多数回らせん軸もあります．1984年に20面体対称相が発見されて以来，固相にも本書では触れていない空間群も出てきました．そういう意味で，結晶学は成長中の学問領域です．

　軌道放射光の利用による高度のX線回折測定が実現した一方，1980年代以降は高分解能電子顕微鏡が結晶構造解析に利用され始め，従来主流だったX線回折測定の重要性がやや薄らいでいます．我が国でも欧米でも高分解能電子顕微鏡の利用による精密な結晶構造解析が進んでいます．高分解能電子顕微鏡による結晶解析について本書に盛り込む事ができませんでしたが，本書を結晶解析の出発点として読んで下さい．

　2015年3月5日，私が金属材料研究所で長い間助手として御指導戴いた平林眞先生が亡くなられました．平林先生には主にX線と中性子線による結晶解析法についての御指導を戴き，本書の骨格となる部分について確かな知識を授けて戴きました．先生のご温情をしのびつつ，ご冥福を心よりお祈り申し上げます．

2015年3月

梶谷　剛

著者略歴

梶谷　剛（かじたに　つよし）

1975	東北大学大学院博士課程退学，同年 学振奨励研究員
1976	イリノイ大学博士研究員
1978	アルゴンヌ国立研究所客員研究員
1980	東北大学金属材料研究所助手
1990	同所助教授
1993	東北大学工学部教授
2012	東北大学名誉教授

専門：熱電半導体，超伝導体，金属水素化合物，X線回折，中性子回折・散乱．
学位：1980 工学博士（東北大学）

著書

講座・現代の金属学 材料編 第1巻「材料の構造と物性」，金属学会，(1994)，共著
「放射光科学入門」，東北大学出版会，(2004)，共著
専門基礎ライブラリー「電磁気学」，実教出版，(2007)，共著
"Characterization of Technological Materials", Materials Science Forum, (2010)，共著
「未利用熱エネルギー活用の新開発と［採算性を重視した］熱省エネ新素材・新製品設計／採用のポイント」，技術情報協会，(2014)，共著
その他

結晶構造学 基礎編──空間群から粉末構造解析まで
（けっしょうこうぞうがく　きそへん）（くうかんぐん）（ふんまつこうぞうかいせき）

2015年4月30日　初版第1刷発行

著　　　者	梶谷　剛 ©
発　行　者	青木　豊松
発　行　所	株式会社 アグネ技術センター
	〒107-0062 東京都港区南青山 5-1-25 北村ビル
	TEL 03 (3409) 5329 / FAX 03 (3409) 8237
印刷・製本	株式会社 平河工業社

Printed in Japan, 2015

落丁本・乱丁本はお取り替えいたします。
定価の表示は表紙カバーにしてあります。

ISBN 978-4-901496-78-0 C3042

アグネ技術センター 出版案内
Tel 03-3409-5329　Fax 03-3409-8237　URL http://www.agne.co.jp

結晶構造学 上級編
結晶物性学の理解をめざして

梶谷　剛 著

A5 判・182 頁・定価（本体 2,600 円 + 税）

第1章　結晶学の基礎
- 1.1　3次元結晶の分類
- 1.2　逆格子
- 1.3　粉末回折
- 1.4　並進対称性と Laue の定理
- 1.5　晶系, 点群, Centering types
- 1.6　空間群, Space groups
- 1.7　プロトタイプ

第2章　回転群と表現行列 I
- 2.1　回転操作と表現行列
- 2.2　回転群の表現

第3章　回転群と表現行列 II
- 3.1　既約表現と基底関数
- 3.2　赤外線吸収測定と RAMAN 分光測定

第4章　2次元結晶
- 4.1　2次元系の例
- 4.2　晶系
- 4.3　逆格子の消滅則による分類
- 4.4　2次元点群
- 4.5　2次元空間群
- 4.6　対応格子, Coincidence Site Lattice; CSL

第5章　磁気構造
- 5.1　磁気モーメントの配列
- 5.2　磁気構造の成り立ち
- 5.3　磁性点群, Magnetic Point Groups
- 5.4　白黒群, 灰色群, Black and White groups, Grey groups
- 5.5　磁気空間群, Magnetic Space Groups
- 5.6　中性子回折による磁気構造の決定
- 5.7　散乱長, b_c
- 5.8　磁気散乱

第6章　高次構造の解析
- 6.1　高次構造の例
- 6.2　電荷密度波, Charge Density Wave
- 6.3　高次空間の結晶解析
- 6.4　(3+1)次元空間群の解析
- 6.5　変調波のある系の解析手続き
- 6.6　(3+1)次元結晶の従う点群と Arithmetic crystal class
- 6.7　(3+1)次元群の Bravais class (centering type)
- 6.8　(3+1)次元空間群
- 6.9　構造因子の求め方
- 6.10　変調周期のある結晶の回折強度測定

第7章　二重群
- 7.1　スピン行列の回転
- 7.2　回転群の表現の指標
- 7.3　ユニタリー系の指標
- 7.4　二重群の指標表
- 7.5　二重群の既約表現の基底関数

第8章　自動構造解析法
- 8.1　データベースと自動解析プログラム
- 8.2　直接法(Direct Method, DM)による構造解析
- 8.3　直接法のプログラム, Sir2011 (or later)
- 8.4　Charge-Flipping 法による結晶構造決定

練習問題解答例